レーザスキャナによる
レンジ画像処理

星 仰・山田貴浩 著

LASER SCANNER
RANGE IMAGE PROCESSING

東京電機大学出版局

口絵

口絵 1　(p.9 図 1.7)

(a) 距離擬似カラー画像　　　　　(b) カラーバー

口絵 2　(p.10 図 1.8)

(a) 距離擬似カラー画像　　(b) 距離区間：0～20 m　　(c) 区間：20～40 m

 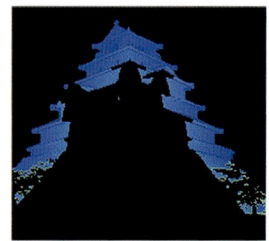

(d) 区間：40～60 m　　(e) 区間：60～80 m

口絵 3　(p.10 図 1.9)

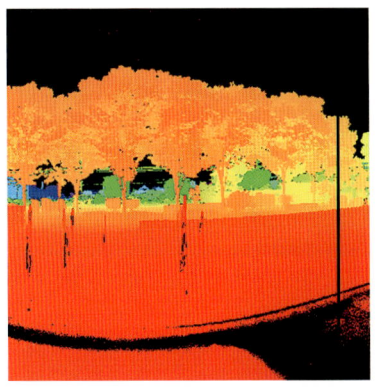
(a) 縦走査の縦ラインノイズ

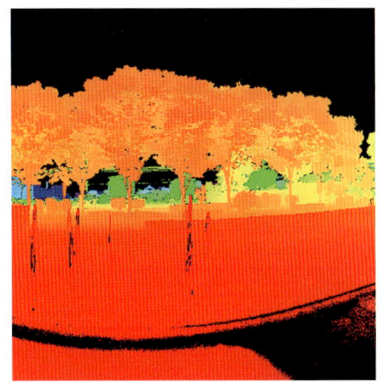
(b) 縦ラインノイズ除去

口絵 4 (p.72 図 4.3)

(a) 平均値フィルタの適用

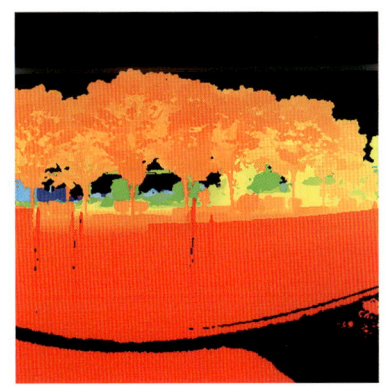
(b) メディアンフィルタの適用

口絵 5 (p.75 図 4.6)

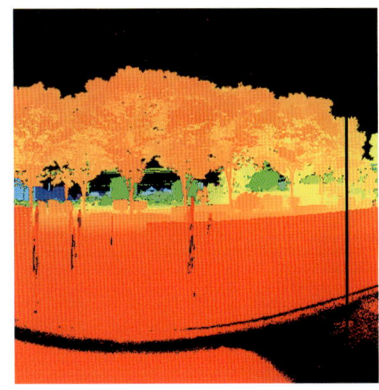
(a) 近赤外線レンジ画像の表示結果

(b) レンジ擬似カラー表示

口絵 6 (p.145 図 6.3)

 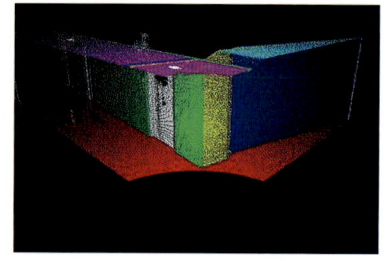

(a) 廊下の赤外レンジ画像　　　　　　　(b) 2 シーンの融合処理結果

口絵 7　(p.158 図 6.12)

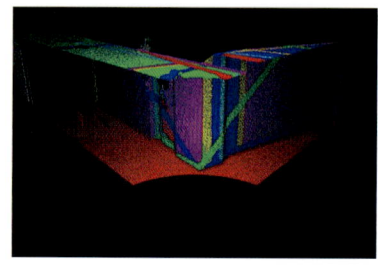 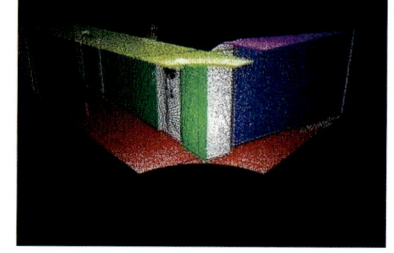

(a) 最大許容誤差 $e_{max} = 0.1$　　　　　(b) 最大許容誤差 $e_{max} = 0.02$

口絵 8　(p.160 図 6.13)

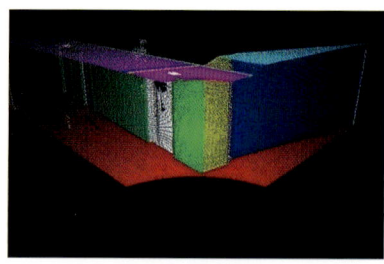 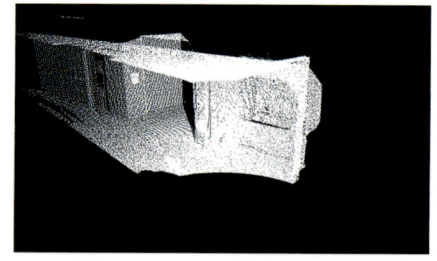

(a) 2 シーンの融合　　　　　　　　(b) 3 シーンの融合処理結果

口絵 9　(p.161 図 6.15)

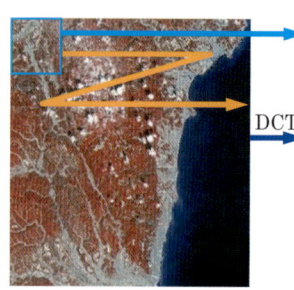 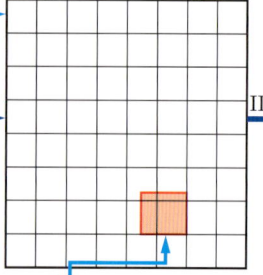

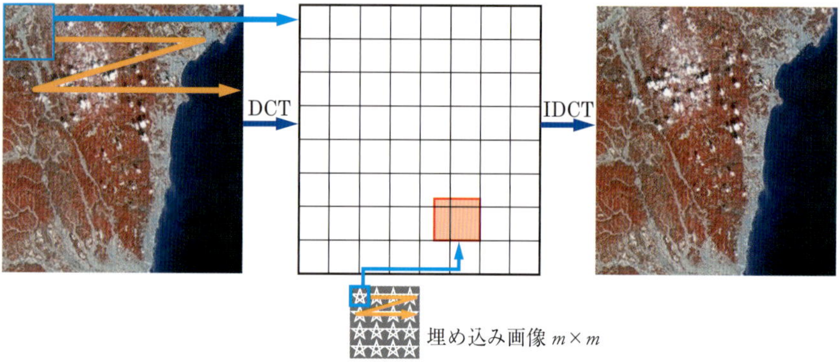

埋め込み画像 $m \times m$

口絵 10　(p.201 図 7.25)

はじめに

　これまで各分野での産業用構造物は，計測値を基にした設計図から製作されてきた。特に，CAD分野では3面図と材料表が基礎資料となっていて，図面なくして，人工衛星を打ち上げるロケットや明石海峡の大吊橋も建設できていない。

　また，地形図などは，人工衛星や飛行機にセンサやカメラを搭載して画像図や地図の原版を作成してきたが，多くの場合，地上測量の補助から正確な成果が生まれてきている。このようなこれまでの各種のモデルや図面の過程を補足し，従来の地上測量成果の過程を補佐する新しい方法が最近実用化し始めてきた。これは，従来，上空からのプロファインダと呼ばれる調査技術を地上に応用したレーザスキャナが開発されたことに起因している。

　レーザスキャナは1測点からその周辺の地物の位置を短時間でデータ収集できる高度な装置で，レーザ光線の照射方向と地物に到達して反射してくる時間から地物の3次元位置を計測できるからである。これから得られた多量で正確な点群データは，現場で直接コンピュータを介して記憶媒体に保存できるので，画像処理技術を習得したモデリング技術者にとって重宝がられてきている。

　レーザスキャナによって収集される3Dのレンジ画像を閲覧した技術者は，視点を自由に変えたリアルタイムの動画像に魅せられて，レンジ画像処理にのめり込むことが多いと聞く。

　しかし，欧米と比較するとわが国のレンジ画像を利用したCAD分野，土木・建築系の設計分野，コンピュータグラフィックスのモデリング分野，医療関係のMRI分野，素粒子関連分野など単発的な使われ方が多く，しかも，狭い特化した部門では成長してきているが，総合的なレンジ画像処理を手掛けている企業が皆無に近いことは残念で仕方がない。これが今後のわが国の情報産業分野の発展の鍵を握っているようにも思われるので本書を執筆することにした。

　わが国でのレンジ画像処理の体系化が進んでいない今日，試行的であるがレンジ画像処理に最小限不可欠なビューアのプログラムを本書に含め，プログラムの適用

に関連する事項やデータについてはホームページに準備したので，本書の巻末を参照されたい．

　最後になりましたが，本書の出版にご協力いただいた，東京電機大学出版局の石沢岳彦氏にお礼申し上げる．

　　2013 年 9 月

著者しるす

目　次

第1章　画像の基礎 ··· 1
  1.1　2次元画像 ··· 7
    1.1.1　多値画像 ·· 7
    1.1.2　2値画像 ··· 20
  1.2　多次元画像 ·· 25
    1.2.1　3次元画像 ·· 25
    1.2.2　3次元画像表示 ·· 26
    1.2.3　多波長帯画像 ·· 29
  演習問題 ·· 33

第2章　位置測定の方法 ·· 34
  2.1　前方交会法 ·· 34
    2.1.1　前方交会型レーザ計測 ··· 36
    2.1.2　測距型レーザ計測 ··· 37
  2.2　レーザレンジ計測法 ·· 40
    2.2.1　LIDAR ·· 40
    2.2.2　プロファイラ ·· 41
  2.3　地球測位システム ·· 43
    2.3.1　GPS ··· 43
    2.3.2　GLONASS ··· 45
    2.3.3　GNSSの活用の方向性 ·· 47
  演習問題 ·· 47

第3章　レーザスキャナ ··· 48
  3.1　レーザの概要 ·· 48
    3.1.1　レーザスキャナと合成開口レーダ ·························· 49

　　　　3.1.2　レーザスキャナの計測機構 ……………………………… 52
　3.2　レーザスキャナ装置 ………………………………………………… 55
　3.3　レーザスキャナの性能 ……………………………………………… 58
　　　　3.3.1　データ収集スキャニングモード ………………………… 58
　　　　3.3.2　適正データ用フィルタリング …………………………… 59
　　　　3.3.3　収集データの保存 ………………………………………… 59
　　　　3.3.4　レーザ光線強度のアイクラス …………………………… 60
　　　　3.3.5　レーザスキャナの仕様 …………………………………… 60
　3.4　現地調査とデータ収集 ……………………………………………… 63
　　　　3.4.1　現地調査 …………………………………………………… 63
　　　　3.4.2　データ収集 ………………………………………………… 64
　　　　3.4.3　記帳 ………………………………………………………… 65
　3.5　データ収集関連ハードウェア（器材） …………………………… 65
　3.6　データ収集用ソフトウェア ………………………………………… 66
　3.7　座標系変換ソフトウェア …………………………………………… 67
　演習問題 ……………………………………………………………………… 68

第4章　レンジ画像処理の基礎論 ……………………………………… 69
　4.1　点群データの座標変換と可視化 …………………………………… 70
　　　　4.1.1　2次元画像の可視化 ……………………………………… 71
　　　　4.1.2　3次元可視画像化 ………………………………………… 72
　4.2　ノイズ除去 …………………………………………………………… 72
　　　　4.2.1　ラインノイズ除去 ………………………………………… 72
　　　　4.2.2　レンジ画像のノイズ除去 ………………………………… 73
　4.3　定形物体計測 ………………………………………………………… 75
　4.4　点群データからのメッシュ化（シュリンクラップ：shrink-wrap） … 76
　　　　4.4.1　ドロネーの三角メッシュ ………………………………… 77
　　　　4.4.2　エッジ検出 ………………………………………………… 78
　　　　4.4.3　平面の法線ベクトル利用と特徴点抽出 ………………… 79
　4.5　直線と平面の抽出 …………………………………………………… 80

	4.5.1	線分間の近似交点 ………………………………………	80
	4.5.2	平面の抽出 ………………………………………………	81
	4.5.3	空間上の直線 ……………………………………………	82
	4.5.4	一般化ハフ変換 …………………………………………	82
4.6	領域分割（セグメンテイション） ………………………………		85
4.7	部分メッシュの処理順序の設定 …………………………………		86
	4.7.1	部分メッシュの融合（シーン融合） ………………	86
	4.7.2	ICP アルゴリズムの概要 ………………………………	87
	4.7.3	ICP アルゴリズムの改良 ………………………………	88
	4.7.4	エッジ点抽出を用いたアルゴリズム ………………	88
	4.7.5	標定点利用アルゴリズム ……………………………	89
	4.7.6	GPS 基準点利用アルゴリズム ………………………	89
	4.7.7	目視標定点選定の簡易法 ……………………………	89
4.8	等高線の抽出 ………………………………………………………		91
4.9	モデリング …………………………………………………………		92
	4.9.1	シューティング ………………………………………	93
	4.9.2	バウンディング ………………………………………	94
	4.9.3	CAD 平面図の作成 ……………………………………	95
	4.9.4	カタログフィッティング ……………………………	95
演習問題 ……………………………………………………………………			96

第5章　レンジ画像データの形式 …………………………………… 97

5.1	VRML の概要 ………………………………………………………	97
5.2	X3D の概要 …………………………………………………………	98
5.3	ASCII の概要 ………………………………………………………	105
5.4	DXF の概要 …………………………………………………………	108
5.5	VTK（Visualization Tool Kit）の概要 ……………………………	109
5.6	その他の拡張子 ……………………………………………………	119
演習問題 ……………………………………………………………………		125

第6章 レンジ画像データ処理 …………………………………………126

- 6.1 Java 言語の概要 ………………………………………………126
  - 6.1.1 Java の開発環境の構築 ……………………………126
  - 6.1.2 JDK の入手 …………………………………………127
  - 6.1.3 JDK のインストール ………………………………127
  - 6.1.4 コンピュータの環境変数の設定 …………………128
- 6.2 Java3D …………………………………………………………129
  - 6.2.1 シーングラフの構造とプログラム ………………130
  - 6.2.2 開発に必要な環境 …………………………………134
  - 6.2.3 海外のレンジ画像データの準備 …………………134
  - 6.2.4 Java3D によるプログラミング ……………………135
- 6.3 C# 言語の概要 ………………………………………………140
  - 6.3.1 VisualC++ 起動の仕方 ……………………………141
  - 6.3.2 わが国の ASCII データの準備 ……………………141
  - 6.3.3 レンジ画像表示 ……………………………………142
- 6.4 Visual C++ 2012 Express によるレンジ画像表示プログラム …………145
- 6.5 ノイズ除去フィルタ …………………………………………151
  - 6.5.1 点群データのノイズ除去用 ………………………151
  - 6.5.2 二次元距離画像のノイズ除去フィルタ用 ………152
- 6.6 法線ベクトルによる三角メッシュの仮稜線の削減フィルタ ……………152
- 6.7 三角メッシュ生成の簡易法 …………………………………153
- 6.8 線分・平面の抽出 ……………………………………………153
  - 6.8.1 線分長の抽出法 ……………………………………153
  - 6.8.2 平面の抽出 …………………………………………154
- 6.9 平面を利用した画像融合処理 ………………………………156
  - 6.9.1 平面交差軸の回転利用 ……………………………156
  - 6.9.2 シーン融合の処理手順 ……………………………158
  - 6.9.3 平面の自動抽出方法 ………………………………159
- 6.10 レンダリングの初期処理 ……………………………………161
  - 6.10.1 光源などの定義とそのプログラム ………………161

| 6.10.2 イベント処理 ··168
演習問題 ···169

第7章 レンジ画像の応用 ··171
7.1 ビルのモデリング ··171
7.1.1 直線・焦点抽出 ···173
7.1.2 平面抽出 ···174
7.1.3 平面の外郭エッジ抽出 ··174
7.1.4 直線成分の交点算出と精度 ···175
7.1.5 平面抽出アプローチを用いたモデリング ·····················175
7.1.6 平面内部点群の頂点削減とメッシュ作成 ·····················176
7.1.7 外郭点群の頂点削減 ··176
7.1.8 テクスチャマッピングによるメッシュ作成 ·················177
7.1.9 ビルのモデリングの結果 ··179
7.2 橋梁の架設と補修 ··180
7.3 樹木葉の計測 ··181
7.3.1 単樹木の計測概要 ···181
7.3.2 孤立木葉の表面積と容積の算出法 ·······························182
7.3.3 レンジ画像による孤立木葉の計測 ·······························183
7.3.4 イチョウ孤立木のレンジ画像計測結果 ·······················184
7.4 トンネル断面計測 ··186
7.5 文化財保護の計測 ··188
7.6 災害地区の調査 ···189
7.7 走行車上からの動的高速道路測定 ·······································190
7.7.1 レンジ画像データとビデオ画像の収集 ·······················191
7.7.2 ビデオ画像 ···192
7.7.3 振動ノイズ除去 ···192
7.7.4 レンジ画像データの距離補正 ······································195
7.7.5 補正レンジ画像データの検証 ······································196
7.8 高速道路モデリング ··197

- 7.9 電子透かしとスレガノグラフィ ……………………………199
  - 7.9.1 リモートセンシング画像への電子透かし ……………200
  - 7.9.2 レンジ画像データへの電子透かし ……………………202
  - 7.9.3 ステガノグラフィ（steganography）…………………204
- 演習問題 ……………………………………………………………206

第8章 レンジ画像データベース ……………………………………207
- 8.1 欧州のレンジ画像データベース ………………………………207
  - 8.1.1 シュツットガルト大学レンジ画像データベース
    （Stuttgart Range ImageDatabase）…………………207
  - 8.1.2 ボン大学計算科学系 …………………………………207
- 8.2 米国のレンジ画像データベース ………………………………208
  - 8.2.1 USFレンジ画像データベース
    （University of South Florida（USF）Computer Vision and
    Pattern Recognition Group）…………………………208
  - 8.2.2 IPVR-Department Image Understanding …………209
  - 8.2.3 blaxxun Contactblaxxun コンタクト ……………209
  - 8.2.4 オハイオ州立大学 OSU レンジ画像データベース……210
  - 8.2.5 ジョージア工科大学アーカイブ
    （Large Geometric Models Archive）…………………210
  - 8.2.6 スタンフォード大学コンピュータグラフィックス研究室
    （Stanford University, Computer Science Department）………212
- 8.3 国内のレンジ画像データベース ………………………………213
- 演習問題 ……………………………………………………………214

参考文献 ……………………………………………………………………215
参考資料 ……………………………………………………………………220
Web 付録について …………………………………………………………222
索　引 ………………………………………………………………………223

第1章
画像の基礎

　画像を取り扱う分野は，アナログの写真を取り扱う分野から引き継がれてきたが，コンピュータの発展に伴なって，デジタル画像処理と解析が新分野を築きつつあり，世界的な経済不況の中にあっても画像処理と解析技術者の社会需要が一段と増してきている。図1.1は画像処理分野とこれに関連した主な分野を示したもので，この図からも関連分野の多いことが伺われる。これはレーザ光の発展にも関連していて，本書のレーザスキャナによるレンジ画像処理も以前の図（a）の Vision の画像処理分野とは大きく進展変貌していることが，図（b）からも読み取ることができる。まずは，画像に関係の深い写真の事項から記述してみる。

　現世界に存在する風景や物体形状などをネガフィルム（1889年）に写像・縮小して机上に持ち帰り[1-1]，これを印画紙に焼き付けてポジ写真を作成して，現状を再現することができ，印画紙に焼き付けるときに，拡大率によって種々の縮尺のポジ写真を焼き付けることもできる。このような写真から現実の風景や物体を計測したいという要望が生まれ，写真像から現実の風景や物体を再現し，実測と同程度の誤差

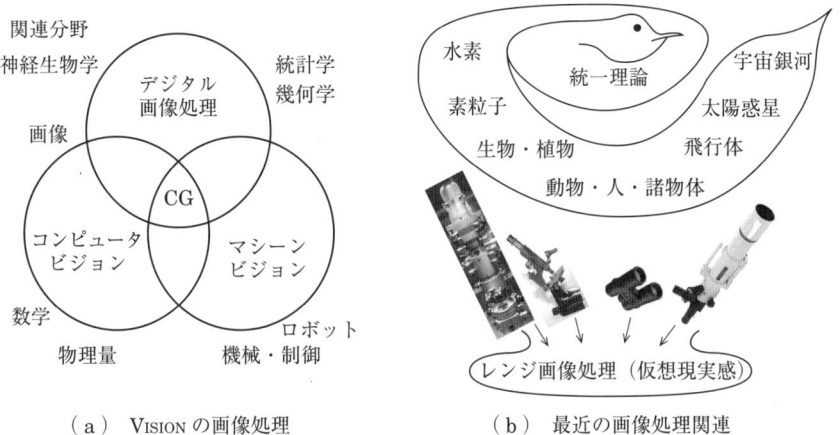

（a）Vision の画像処理　　　　（b）最近の画像処理関連

図1.1　デジタル画像処理分野

で計測できるようにするための，数学・幾何モデルの研究と，精密測量機械の設計と，これに基づく精密測量機械の製造がなされてきた．

ここで重要な写真処理に対する概念は，記録媒体のネガフィルム，この白黒を反転したポジフィルム（ポジ写真）は記録媒体の像からいかに現物に近似したモデルを再現するかということである．言葉を変えれば，写真処理の過程で，仮想空間を想定し，この空間に現物に近似したモデルを再現する後ろ向きの解を求める問題であると説明できる．この問題解決方法には，射影幾何（projective geometry）[1-2]を習得しておくことが必要であり，写真測量学（技術）の基本事項であろう．画像処理をするメディアである画像は，レンズを介した像であるので写真技術の習得が必要なことも多い．

一般の数学で使うユークリッド幾何学（Euclidean geometry）では，平行線は交わらないし，直線は2点が分かれば決定できるけれども，図1.2（a）のように遠方からの平行光はレンズの焦点で交差し，(b)のように直線上の被写体のA_1とB_2の2点を撮像させた写真像a_1とb_2を使って，写像内のaとbの像をレンズを介して後ろ向きに逆投影しても被写体の2点は一義的には決定できない．被写体のAとBを通る直線は複数成立するからである．このために写真計測処理に携わってきた技術者らは，非ユークリッドの射影幾何の知識を必要としてきた．

図1.3の被写体側の直線上の3点A，B，Cのその像a，b，cが写真上にあれば，下記の複比の関係から被写体側の直線を再現できることになる[1-3]．

$$\frac{ac}{bc} : \frac{ad}{bd} = \frac{AC}{BC} : \frac{AD}{BD} \tag{1.1}$$

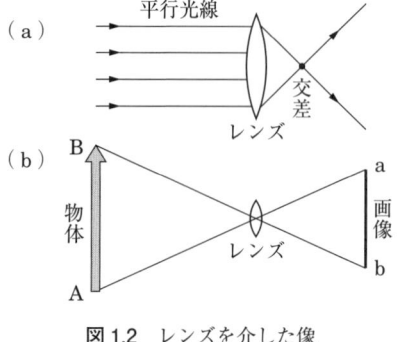

図1.2　レンズを介した像

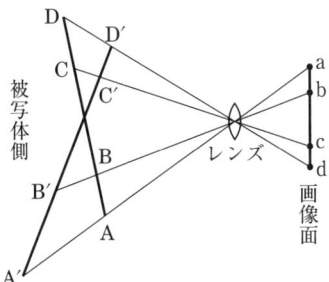

図 1.3 被写体と画像の関係

この関係から，A，B，C と a，b，c の測定値を X_a，X_b，X_c と x_a，x_b，x_c とし，未知の点 C，c の値 X_c，x_c を求めるには，次式のようになる．

$$\frac{x_a x_c}{x_b x_c} : \frac{x_a x_d}{x_b x_d} = \frac{X_a X_c}{X_b X_c} : \frac{X_a X_d}{X_b X_d} \tag{1.2}$$

X_d，x_d を X，x とし，定数をまとめて整理すると，式(1.3)のように書き表せる．

$$x = \frac{e_1 X + e_2}{e_3 X + 1} \tag{1.3}$$

このことから，被写体側の3点と画像面の3点の値が分かれば，直線状の未知点の関係が得られることになる．

被写体側の2次元平面で直線上にない4点とその画像面の4点の値が分かれば，平面状の未知点 $p(x,y)$ の関係も複比の関係から式(1.4)のように得られることになる（図 1.4 (a) 参照）．

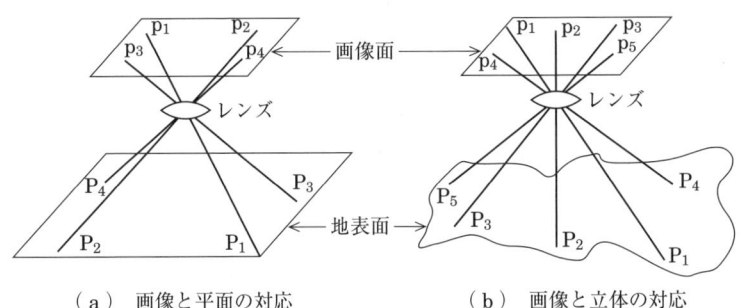

（a）画像と平面の対応　　　　（b）画像と立体の対応

図 1.4　被写体（平面，立体）と画像の関係

$$x = \frac{e_1 X + e_2 Y + e_3}{e_4 X + e_5 Y + 1} \tag{1.4}$$

$$y = \frac{e_6 X + e_7 Y + e_8}{e_4 X + e_5 Y + 1}$$

また,空間の $p(x,y,z)$ の関係は次式で与えられる(図1.4 (b) 参照)。

$$x = \frac{e_1 X + e_2 Y + e_3 Z + e_4}{h_1 X + h_2 Y + h_3 Z + 1}$$

$$y = \frac{f_1 X + f_2 Y + f_3 Z + f_4}{h_1 X + h_2 Y + h_3 Z + 1} \tag{1.5}$$

$$z = \frac{g_1 X + g_2 Y + g_3 Z + e_4}{h_1 X + h_2 Y + h_3 Z + 1}$$

そこで,立体の再現には,少なくとも5点の対応を必要とする。

これは,写真からレンズを介して逆投影したときに,あくまで被写体のあった方向だけが分かるに過ぎないからである。

このために被写体を2方向から撮影する方法が考え出され,ステレオ写真が重宝されてきたことが理解できる。

この写真計測技術を汎用化し高精度化した1分野が,航空写真測量や地上写真測量であり,この成果品は我々がよく手にする地図である。これは,現地をそのまま縮小して作成されたものではないが,現地を再現するのに不可欠な主要事項として地図記号にしたり,地名や名称を文字で書き表したりして取りまとめた成果品である。この過程に仮想空間と仮想モデルが古くから存在する。

昨今のコンピュータのハードウェアの小型化とCPUの高速化はまだ限界に達することなく進展し,これに伴うソフトウェアの開発が後を追う形で進んでいる。このために,写真の途方もない多くのアナログの連続情報も,小区間のデジタル情報に置き換えても不快感がなく,実用性を損なわないことができ,アナログ写真をスキャナで走査してデジタル画像に置き換えられ,これを処理するために必要な画像処理分野が脚光を浴びるようになってきた。

その後,アナログ写真技術のお世話にならなくてもよいような,CCDカメラの出現をみて,風景や被写体を直接のデジタルデータとして記憶媒体に保存できるようになり,一般市民でもデジタル画像で直接被写体を撮影できるので,ますます画像

処理技術が革新を遂げつつあるのが現状である。コンピュータの小型化と高速化が限界に達するまでソフトウェアの書き換えやシステムの組み込みの進展が続き，画像処理のソフトウェアもこれに同行するので，画像処理や画像解析に携わる技術者の技術限界の先は見えなく，将来性の高い技術といえよう。

　さて，レントゲンフィルム利用の医療分野における CT 装置で撮像されたレントゲンフィルム（写真）は，MRI 装置などからの走査式体内断面像を短時間で収集可能となり[1-4]，断面像を重ね合わせたボクセルから作り出されたソリッドモデルが作成できるので，コンピュータを介して構築し，医者は患者の必要部分を仮想空間に立体モデルとして保有し任意の断面を CRT に表示でき，診察室で患者と対面しながら，MRI 室で収集された図 1.5 の頭脳や体内の画像を診断に必要な視点から局部画像に変換して閲覧することができる時代になっている（図 (a) は頭脳の MRI 横断像，図 (b) は体内の CT の V 断面像，図 (c) は頭脳の血管撮像の事例）。

　これは，ボクセルを最小単位にしたソリッドモデルのため表面だけでなく，内部構造までの映像がデータベース化されてきている。レンジ画像で取り扱うのは物体

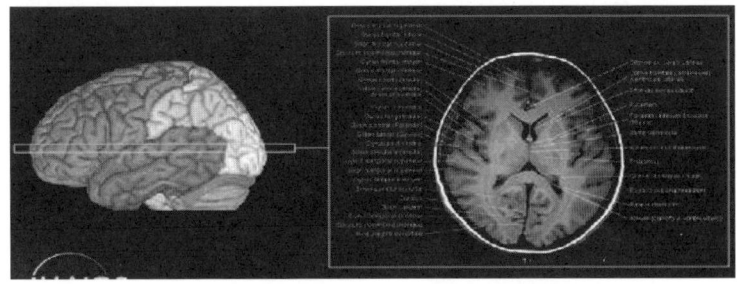

（a）　頭脳の仮想モデルと頭脳の CT 横断像

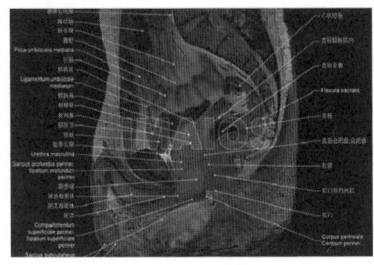

（b）　体内の CT 断面像[1-4]

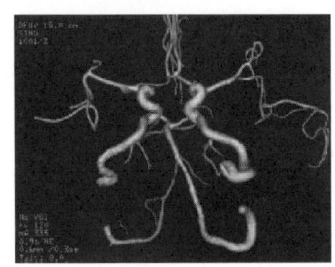

（c）　頭脳の血管撮像

図 1.5　MRI 室で収集した医用画像

の表面形状のデータ処理であるから,対比のために医用画像を示した。

また,遠隔地の患者を映像を見ながらロボットアームを使って遠隔手術をすることもできるようになりつつある。

一方,物理工学分野では,光を束ねて強力な光の再現に成功したレーザ光の発見があり,これを光計測に応用する工学分野の発展もあって,室内実験での物体計測能動式センサ,軍用航空機搭載能動式センサ,人工衛星搭載能動式センサなどに利用されるようになった[1-5]。

人間の眼に危険とされていたレーザ光も,その後,眼を照射しても危険性の少ないレベルでの計測が可能になり,今や表面での地上レーザレンジスキャナ(略してレーザスキャナ)が使えるようになってきている。このレーザスキャナからは,空間の点群データが収集されるので,距離(range)x,y,z値と関係付けられた画素値を有する画像,すなわち,レンジ画像を再生できるようになってきている。このレンジ画像の処理は,従来の画像処理技術における像の方向から被写体を再現する思考だけでなく,方向と距離の情報を加えたデータから,さらなる高度な3次元の仮想空間モデルを再生する技術が必要とされ,工学のみならず微小体を対象にした素粒子物理学から,医学,農学,芸術学,そして地球学,宇宙天文学[1-6]などの各分野に対して新たなレンジ画像データの構築がなされ,これに伴う画像処理技術が広がってきている。

そこで,レンジ画像処理をするには,電子顕微鏡を介したミクロの世界から望遠鏡を介したマクロの世界までの画像を取り扱う技術が不可欠なことから,本章でこれまでの画像処理に係る基礎事項をまず解説する。

通常,画像(image)はベクタ画像とラスタ画像の種類に分類され,ベクタ画像は,線や曲線に色付けなどとして表現したもので,縮尺による画質の変化はない画像をいう。鉛筆で物体の輪郭を描いた図や街並みの道路を描いた地図などを矩形画像にしたものが代表的な事例である。一方,ラスタ画像は,画素の集まりで表現したもので,拡大・縮小で画質が変化する。デジタルカメラの矩形画像はこの代表的な事例である。

静止している風景などを撮影したラスタ画像(2次元矩形画像)には,濃淡画像やカラー画像があり,静止画としてプリントして通常使われる。

この他に動く人間や物体を表現するには,静止画像を連続的に撮影するビデオ画

像があり，時間的な要素を入れ，撮影対象を動画や映像とし再生することがきる。

2次元画像には，グレーレベルを十分に効果的に使用した濃淡画像（多値画像）や色彩を巧みに表現したカラー画像（RGB画像など）があり，これらの画像の中に撮像された一部の対象を抽出する画像処理に，2値化や認識・照合などがある。

また，画像内の3次元効果を視覚表示するステレオ画像[1-7]があり，これはレンジ画像処理の基礎事項に欠かせないものである。

この他，リモートセンシング画像処理で取り扱っている多波長帯画像も，最近衛星画像データの普及で，一般の画像処置技術の範疇になってきている。これらの画像処理の基礎事項についても以下で述べる。

1.1 2次元画像

濃淡画像やカラー画像が矩形で表現されてきているため，2次元（XY平面）の矩形領域に存在する画素は多値画像と2値画像に分類でき，多値画像には濃淡画像とカラー画像があり，カラー画像の表現には，いくつかのカラーモデル（color model）が採用されてきている。これらの関係とその内容を以下に紹介する。

1.1.1 多値画像

可視波長帯全体を1つにした濃淡画像には，白から黒までの濃淡レベル（gray level）があって，各画素の記憶容量が1 byte（8 bit）のとき256階調の濃淡があり，可視波長の3原色要素のRGBの色調で表現したカラー画像にも同様に色調レベルがある。この濃淡や色調レベルの階調数を多くすると，きめ細やかな美しい仕上がりの画像となり，少なくすると隣接の色調の差が目立ち，ギザギザした階段状の仕上がりの画像になる。デジタル画像を拡大して斜め方向の模様のエッジを見たときに見受けられる階段状のギザギザをジャギー（jaggy）という[1-8]。画像処理による視覚効果では，このジャギーが気にならない程度まで画像処理をする。

1）濃淡画像

一般の画像では，2次平面(x, y)に存在する最小単位を画素（pixel）と定義され，レベルを多値の256階調とした8 bit（16 bitなら1 024階調）で表現される。これが多値画像と呼ばれるゆえんである。レベルを2階調（1 bit）にしたものを2値画

（a） レンジ・濃淡ポジ画像　　　　　（b） レンジ・濃淡ネガ画像

図1.6　レンジ反転画像

像という。

　濃淡画像のサイズを横 l_x と縦 l_y とすると，画像記憶するメモリーは，白黒の濃淡画像が1フレームに対して $l_x l_y$〔byte〕であるのに対して，カラー画像はRGBの3フレームなので，$3 l_x l_y$〔byte〕となる。

　また，濃淡画像には，白黒の階調を逆にしたポジ画像とネガ画像がある。濃淡ポジ画像の画素値の階調は0～255の8bitのとき255を白色，0を黒色に表現する。濃淡ネガ画像は，白黒の階調を逆にしたものであるから（255は黒く，0は白），これらは線形変換によって画像処理をすることができる。

　レーザスキャナを使用した近赤外線のレンジ・ポジ画像を図1.6（a）（会津若松城）に，レンジ・ネガ画像を図（b）に示す。一般のモノクロ・ポジ画像では，空の風景は太陽照度の影響で画像には白く写る。図（a）濃淡ポジ画像では，空の部分は真っ黒で夜中の景色のようである。これは，空までの距離が遠く，能動式レーザスキャナのレーザ光パルスの照度が空や雲から反射してこないためである。可視光での濃淡画像と異なことから，このような意味を含めて，空が反射率＝0のレンジ・濃淡ポジ画像を事例として示した。

　この画像は視覚的に単なる濃淡画像に見えるが，各画素に3次元座標値を保有しているので，画素上にマウスを持っていくと，その画素に対応した空間物体の表面の3次元座標値を表示することも可能である。この表示方法は画像処理のアルゴリズムによって異なってくる。事例は第4章で詳細に述べる。

　このポジ，ネガの関係は，レンジカラー画像でも同様である。また，カラー画像の場合は，天然色カラー版と擬似カラー版が存在するので，これらを使い分けることができる。天然色カラーの場合は，肉眼で観察したのと同様な色調の方がポジ画

像である。

2）カラー画像

　肉眼で観察したのと同様な色調にするには，RGBの3色の混合で表示できることが知られている。このRGB（赤，緑，青）やこの要素を変換することによって，数種類のカラーモデルが存在する。カラー画像処理では，このようなモデルを複数取り扱うことが多いので，以下に，RGB, UCS, CMY, YIQ, HSV, HLS, HLSなどのカラーモデルの変換式を示しておく[1-9]。

　また，カラー画像を保管する際に複数の拡張子が提案されていて，これらの関係を理解できるような相関図を示しつつ拡張子の紹介をする。

　レーザスキャナによる画像の再生ではモデル解析に不十分であるので，これと同時にレーザが照射した諸物体のRGB反射率をデータとして保管して，図1.6 (a) と同一地区をRGB画像でも表示できるようにする。この図1.7の画像は，自然色で表示されているので，レンジナチュラルカラー画像ともいう。

　擬似カラー画像としては，RGB画像のR画像の代りに近赤外画像で置き換えたものがよく知られている。しかし，レーザスキャナによるレンジ画像では，特有の擬似カラー画像を使用する。これは，図1.6 (a) で示した赤外濃淡ポジ画像の各画素に遠近の距離データが連携しているので，撮影距離方向にRGB色を割り当てて，色調を施す方法が採用されている。例えば，近くの物を赤色，中間距離を緑色，遠方物体を青色で表現する。こうすると，RGBの中間色も物体の距離に応じて使いこなせる。これが図1.8 (a) に示したもので，この距離カラー画像で，この時に用いた遠近用のカラーバーを図 (b) に示す[1-10]。

　図1.8 (a) の距離カラー画像から切り出した鶴ヶ城の部分画像を図1.9 (a) とし，

図1.7　ナチュラルカラー画像（口絵①参照）

（a） 距離疑似カラー画像　　　　　　（b） カラーバー

図 1.8（口絵2参照）

（a） 距離疑似カラー画像　　（b） 距離区間：0～20 m　　（c） 区間：20～40 m

（d） 区間：40～60 m　　（e） 区間：60～80 m

図 1.9 区間別距離画像（口絵3参照）

これを用いて 0～20 m までの近区間の計測物体を表示した図（b）の近距離画像や，図（c）～（e）のように，ある距離区間のみを表示した区間距離画像の生成が可能となる。これは距離画像（range image）の特徴である。この特徴を利用すれば，画像全体の中から処理対象となる物体のみを抽出するために，他の地物を背景として切り離すことも可能になる。

なお，図 1.7～図 1.9 の原データは Web 付録-6 内にある。

3) カラーモデル

レンジ（距離）画像を表示するには，濃淡画像やカラー画像の多値画像が頻繁に取り扱われる。このときに処理目的に応じたカラーモデルが適用される。このような状況に備えて，一般的なカラーモデルを紹介する。

通常用いられているカラー画像は，基本的に人間が肉眼で見えるのと同様な色調で表現し，それをデータにして記録して保存もできる。観察する諸物体などの色調は，可視光線が 0.34～0.78 μm の波長帯の範囲であり，国際照明委員会において，青を 0.4358 μm，緑を 0.5461 μm，赤を 0.7 μm の波長としているので，この三原色の組み合わせによって白色光を表現できる。

また，カラー画像の色調は，青（B），緑（G），赤（R）の成分の階調を調べることによって原画像の色調分析もできる。

RGB 以外に色相，飽和度，彩度の 3 要素を基準にしたカラー表示も芸術系で使用され，フィルムや紙面・印刷などのカラー出力に用いる CMY 系の表現方法もあるので，これらのカラーモデルについて以下要約する。

a. RGB カラーモデル

この基本 RGB 光の各々の波長帯分布である 3 刺激値分布を，$r(\lambda)$，$g(\lambda)$，$b(\lambda)$ とし，光の波長強度分布を $E(\lambda)$ として表すと，3 刺激値 R，G，B は次のような関係にある。

$$\left.\begin{aligned} R &= \int E(\lambda)r(\lambda)d\lambda \\ G &= \int E(\lambda)g(\lambda)d\lambda \\ B &= \int E(\lambda)b(\lambda)d\lambda \end{aligned}\right\} \quad (1.6)$$

濃淡画像の関数を $f(x,y)$ と定義し，これは RGB 表色系のスペクトラム 3 刺激値曲線の代わりに標準比視感度曲線 $y(\lambda)$ を用いて表現すると次式となる。

$$f(x,y) = \int E(\lambda)y(\lambda)d\lambda \quad (1.7)$$

この $y(\lambda)$ は視験者の視感度を波長関数で表現したものである。

次に，式(1.6)の RGB から色感（r, g, b）にも変換できる。

$$r = \frac{R}{R+G+B}, \quad g = \frac{G}{R+G+B}, \quad b = \frac{B}{R+G+B} \tag{1.8}$$

式(1.8)は $r+g+b=1$ が成立するので，r, g, b の内，2要素が判明すれば色感が求められる．この色感を図で表現するには，rg 平面は図 1.10 の色度図として知られ，図 1.11 は純色の色度点の軌跡を示し，すべての色調は変形馬蹄形の内部空間

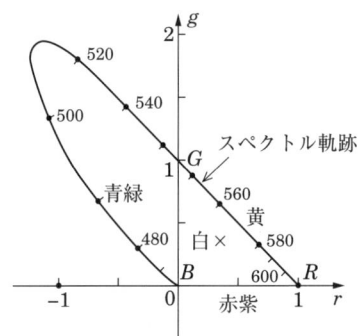

図 1.10　rg 色度図

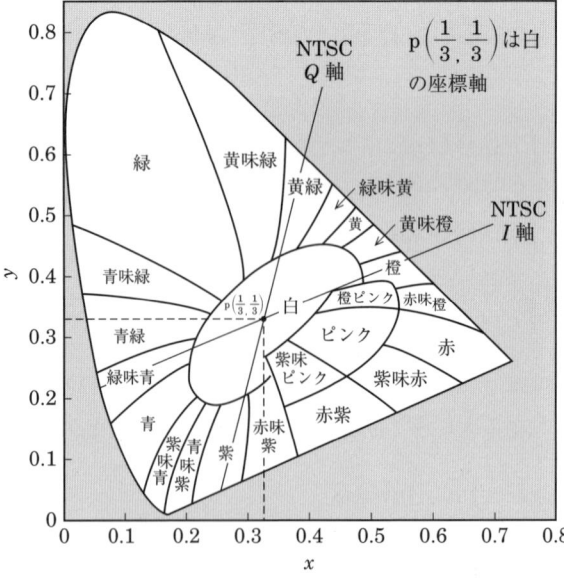

図 1.11　xy 色度図

となる。この色表現を RGB 表色系という。

b. UCS カラーモデル

rg 色度の r 軸が負なので，この改善法として式(1.9)のように RGB にマトリックス係数 a を掛けて，3刺激値 X, Y, Z に変換できる。NTSC 規格のテレビジョンなどに用いられている。

$$\begin{pmatrix} X \\ Y \\ Z \end{pmatrix} = \begin{pmatrix} a_{11} & a_{12} & a_{13} \\ a_{21} & a_{22} & a_{23} \\ a_{31} & a_{32} & a_{33} \end{pmatrix} \begin{pmatrix} R \\ G \\ B \end{pmatrix} \tag{1.9}$$

さらに，X, Y, Z から，下記の x, y, z が求められる。

$$x = \frac{X}{X+Y+Z}, \quad y = \frac{Y}{X+Y+Z}, \quad z = \frac{Z}{X+Y+Z} \tag{1.10}$$

これは $x+y+z=1$ の関係があるので，x, y, z の二変数で図1.11の xy 色度図を表すのが UCS 表色系である。これは xy 平面の馬蹄型の中にすべての色調が表現できるので便利である。

この UCS 表色系で xy を用いて，図1.12のような $U'V'$ の座標系に変換する式もある。

$$U' = \frac{4x}{-2x+12y+3}, \quad V' = \frac{9y}{-2x+12y+3} \tag{1.11}$$

よく用いられるのは CIELUV 系，CIELAB 系であり，これらでは次のように明

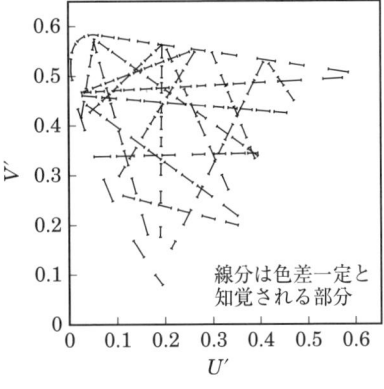

図1.12　$U'V'$ 座標系

度：L^*が定義されている。

$$L^* = 116\frac{Y}{Y_0} - 16 \quad \left(\frac{Y}{Y_0} > 0.008856\right) \quad (1.12)$$

ここで，白色面の基準測定値をY_0，一般色測定値をYとする。また，明度の範囲は$0 \leq L^* \leq 100$である。

このL^*を用いて$U'V'$をU^*，V^*に式(1.13)で変換できる。

$$U^* = 13L^*(U' - U_0'), \quad V^* = 13L^*(V' - V_0') \quad (1.13)$$

平面(U^*, V^*)の等色相線や等クロマ線は，マンセルの表色系に類似している。CIELUV系よりCIELAB系の色度図の方が色調の2次元の表示空間において，いびつさが改善されている。これらを感覚色と対応させるとUCS系，CIELUV系，CIELAB系となる。

c. CMYカラーモデル

白色は3原色の光を加法混合（図1.13 (a)）することによって作り出すことができた。また，青と緑を加えてシアン，赤と青でマゼンタ，赤と緑でイエローが得られる。これらのシアン：C，マゼンタ：M，イエロー：Yは赤，緑，青の補色関係にある。フィルタ効果を使うことで，図(b)の減色混合の関係が分かる。これはカラー印刷や絵具で色を合成するときに適用でき，このCMYモデルはカラープリンタの出力色の関係に用いる。

また，RGBと，CMYとは次の関係にある。

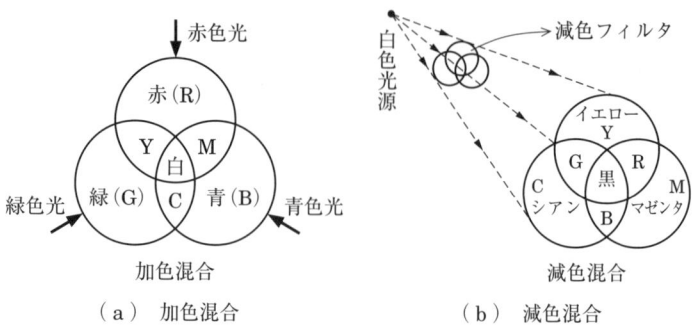

（a）加色混合　　　　　（b）減色混合

図1.13 色調の混合

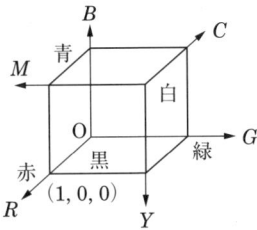

図 1.14 BGR,CMY のキュービックモデル空間

$$\begin{pmatrix} C \\ M \\ Y \end{pmatrix} = \begin{pmatrix} 1 \\ 1 \\ 1 \end{pmatrix} - \begin{pmatrix} R \\ G \\ B \end{pmatrix} \tag{1.14}$$

逆に,CMY から RGB への変換には,式(1.15)を用いる.

$$\begin{pmatrix} R \\ G \\ B \end{pmatrix} = \begin{pmatrix} 1 \\ 1 \\ 1 \end{pmatrix} - \begin{pmatrix} C \\ M \\ Y \end{pmatrix} \tag{1.15}$$

CMY も RGB も図 1.14 のようなキュービックモデルと呼ばれ,1 辺を 1 とする立方体内に色空間がある.

d. YIQ カラーモデル

カラーテレビ放送用の中に NTSC(National Television System Committee)方式があり,画像の輝度信号 Y,色差信号 IQ を用いて画像を伝送している.ここで YIQ カラーモデルが使われている.YIQ と RGB は次式の関係がある[1-11].

$$\begin{pmatrix} Y \\ I \\ Q \end{pmatrix} = \begin{pmatrix} 0.31 & 0.59 & 0.11 \\ 0.60 & -0.28 & -0.32 \\ 0.21 & -0.52 & 0.31 \end{pmatrix} \begin{pmatrix} R \\ G \\ B \end{pmatrix} \tag{1.16}$$

$$\begin{pmatrix} R \\ G \\ B \end{pmatrix} = \begin{pmatrix} 1 & 0.96 & 0.62 \\ 1 & -0.27 & -0.65 \\ 1 & -0.10 & 1.70 \end{pmatrix} \begin{pmatrix} Y \\ I \\ Q \end{pmatrix} \tag{1.17}$$

式(1.17)の変換係数マトリックスは人の視覚系にとって有利なように係数が採用されている.

e. HSV モデル

マンセル色空間に近いカラーモデルに対して HSV モデルがある.これは六角錐

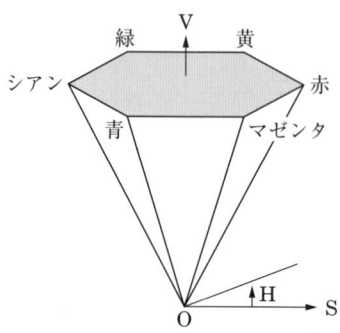

図 1.15　HSV カラーモデル

モデルで図 1.15 に示す。このモデルでは，横軸に飽和（S），縦軸にバリュ（V），色相（H）を S 軸からの回転量で与える。六角形の各頂点には，黄，緑，シアン，青，マゼンタ，赤が順次分布する。

f. HLS カラーモデル

HLS は色相，明るさ，飽和を要素とし，HSV 系と同様であるが，YMC，RGB の表現位置の明るさ（L）が異なっている。このカラー空間を双六角錐 HLS という。

g. $\overline{\text{HLS}}$ カラーモデル

カラー空間を三角錐で表したものが，$\overline{\text{HLS}}$ カラーモデルであり，別名トライアングルモデル（triangle model）という。この 3 次元座標系を図 1.16 の b，g，r 軸で表すと次の関係が成り立つ。

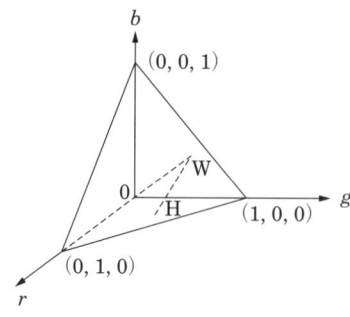

図 1.16　トライアングルモデル

$$\left.\begin{aligned} r &= W_R \cdot \frac{R}{L}, \quad WR+WG+WB = 1 \\ g &= W_G \cdot \frac{R}{L}, \quad r+g+b = 1 \\ b &= W_B \cdot \frac{R}{L} \end{aligned}\right\} \quad (1.18)$$

トライアングルモデルは，キュービックモデルより色調空間が狭いので，色調の表現値が小さく色調表現が判別しにくい。

4) カラー画像の形式

画像ファイルを処理するには，上記のカラーモデルの関係式をプログラムしておくことで，種々のモデルに対応づけることができる。カラー画像の RGB 値を計測して印刷出力するには，逆マトリックスを解かないと色調変換できないので注意を要する。また，カラー画像の種類を区別するのに属性を付けている。この属性の主なものを以下に示す。

image01.bar	……	BGR file format（フルカラー.非圧縮）
image01.bmp	……	Bit MaP file format
image01.ppm	……	Protable Pixel Map file format
image01.tga	……	TarGA image file
image01.tif	……	Tag Image File format
image01.jpg	……	Joint Photographic Group format

これらの画像フォーマットには，フルカラー表示以外にも，256色，16色，2色表示用もあるので，これらの関係を図1.17に示す[1-12]。

a. JPEG ファイル

国際標準化機構 ISO の中に JPEG（Joint Photographic Experts Group）の画像データファイル形式を検討するグループがあり，この画像ファイルの拡張子は「jpg, jpeg」である。JPEG 画像はデータ圧縮率が良く，かつ原画像とほぼ同等な画像再現ができる。特に，JPEG2000 で新しくされた特徴を以下に記す[1-13]。

原画像ファイルの解像度を変更して，種々の解像度の JPEG 画像データとして利用できるようになった。原画像を変化させてサイズや解像度を変えられる。

データ圧縮は非可逆圧縮と可逆圧縮も可能となった。また，マルチレゾリューシ

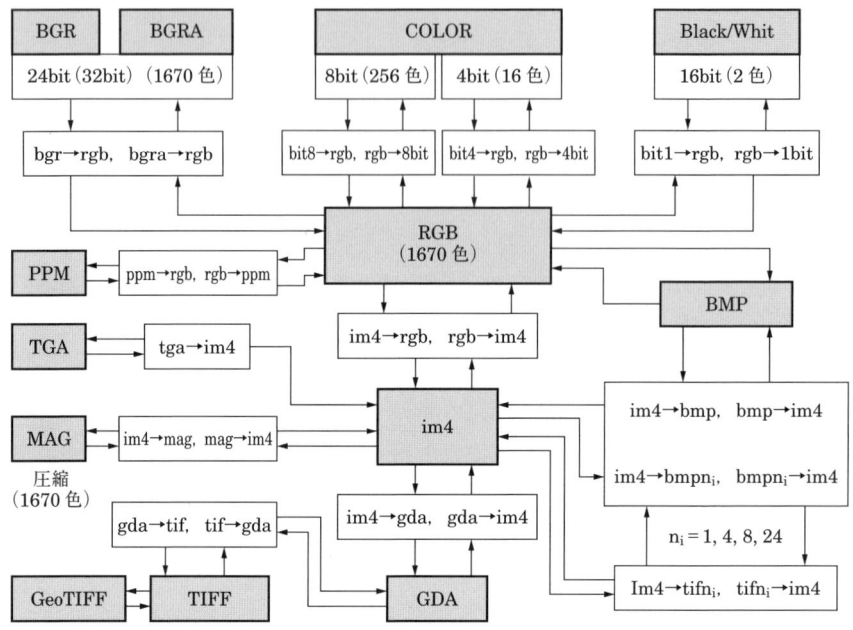

図 1.17 画像ファイルの変換関係

ョン (multi-resolution) を活用する. ROI (region of interest) 機能で, 部分高解像度でズームアップできるし, SROI (static ROI) 機能があり, 誇張したい部分の高解像度2次画像も準備できる.

JPEG 委員会が 1988 年に提案した DCT (discrete cosine transform) は cos 曲線で変換したが, 1990 年代の JPEG は DCT 変換のデータ圧縮法を採用し, JPEG2000 ではウェーブレット変換を採用している. このために矩形境界の歪みが, ウェーブレット変換では発生しなくなった.

JPEG XR「extended range」では, 1色当りのビット数も, 8~32bit までに拡張され, 符号化技術も重複双直交変換をするなどして改良され, 国際規格 ISO/IEC 29199-2:2009 として承認された. このためマイクロソフト社は, Windows Vista 以降の OS で標準サポートをしている.

b. TIFF ファイル

1986 年に TIFF (Tare Image File Format) が開発され[1-14], Mac, MS-DOS, Windows, UNIX の OS に用いられてきた. このファイルの拡張子は「.tif」である.

TIFFファイルを作成する変換アルゴリズムを構築するときの参考に，TIFFファイルの構成順序を示しておく．すなわち，IFH（Image File Header），IFD（Image File Directory），画像データ（Image Date）の順である．

　IFHのヘッダーは識別領域，版数，IFD開始位置を2，2，4byteで納める．次に，IFDOはタグ数，タグ0，タグ1（2，14，16 byte）で構成する．TIFF6.0のバージョンからタグデータの種類は12種に拡張されている．

c. GeoTIFFファイル

　1994年には，形式上のGeoTIFFメーリング・リストがJPLのナイルズによって作成され，1995年にリモートセンシング分野のSPOT画像に取り入れられ，その後，衛星画像システムのTIFF像に関した地図製作情報に記述されてきた．

　GeoTIFF Metadata Formatは，TIFFファイルに地理情報を付加させるための画像ファイルである[1-15]．これはカーナビゲーションのような衛星画像や地図を刻々と変化する走行位置とリンクさせるときに有効なもので，近年のCCDカメラに内蔵されているGPS受信装置と連動させるときにも用いられる．これらの背景には，地理情報システム（Geographic Information Systems）の発展がある．

　また，従来から使用されてきた位置情報を持たない画像ファイルでも，TIFFの拡張子に変換しておくとGeoTIFFメタデータファイルを読込むことで，TIFFファイルに地理情報を付加させ，GeoTIFFにフォーマットに変換することができる．

　リモートセンシング分野で取り扱われる衛星画像データは，特殊なフォーマットになっていて，通常の画像処理技術者は，このフォーマットを解読しないと画像表示すら困難である．そこで，アメリカのメリーランド大学や地質調査所（USGS）で世界中のLANDSAT衛星などの画像データファイルを公開している．この公開ファイルの拡張子にGeoTIFFが採用され，一般の画像と混在して取り扱えるようになった（http://glcfapp.glcf.umd.edu:8080/esdi/index.jsp　参照）．

　もし，GeoTIFFファイルのヘッダーを知りたいときには，16進ダンプさせるとその形式が解読できる．

　World Filesのパラメータの求め方は，次のようになる．

$A = (右下 X_1 - 左上 X_2)/横ピクセル，BとCは0，$
$D = (右下 Y_1 - 左上 Y_2)/縦ピクセル，E = 左上 X_2 + (A/2)，$
$F = 左上 Y_2 + (絶対値 D/2)$

このオプションの利用時には，画像の左上座標と右下座標を指定する。

次に，平面直角座標2系の GeoTIFF を作成する例を示す。

> gdal_translate -of "GTiff" -a_srs EPSG: 2444 -a_ullr 左上 X 座標 左上 Y 座標 右下 X 座標 右下 Y 座標 input.tif output.tif

上記の，JPEG，TIFF，GeoTIFF 以外の画像形式として，アニメーションや透明部の作成などに用いる GIF（Graphic Interchange Format）拡張子：「gif」，GIF の改良版の PNG（Portable Network Graphics）拡張子：「png」，XML で記述された形式でベクター画像を対象にしているために，拡大・縮小による画質劣化がない形式の SVG（Scalable Vector Graphics）拡張子：「svg」，画像と電子文書併用形式の PDF（Portable Document Format）拡張子：「pdf」，Windows の標準形式の BMP（Windows Bitmap Image）拡張子：「bmp」などがある。

1.1.2 2値画像

レーザスキャナより抽出された点群データから仮想空間にモデルを作成するとき，前処理段階においてノイズ除去やエッジ抽出処理などがあり，エッジ抽出には，多値画像から変換した2値画像処理を使用して[1-16]，レンジ画像と一般の画像を併用することがある。

これはレンジ画像が画素単位に距離データを保有している利点と，一般の2値画像のエッジ部分の検出などが勝っている部分の処理を巧みに使い分けることにほかならない。また，点群データからモデリングする過程において，モデル内の仮想空間上で，いくつかの部分に小分けして，この部分ごとに特殊な光線を当てたり，透明感を与えたり，水彩を変化させたり，表面の貼り合わせる模様を変えたりする画像処理が付きまとう。このような処理の中には，ラベリングや照合・認識に欠かせないセグメンテーション（領域分割・切り出し）の処理事項がある。このような意味から，あえて2値画像の節を設けることにした。

さて，ベクタ画像は，曲線部分でも拡大してみると最小の単位ベクトルから構成されている。このために，拡大・縮小（縮尺を変化）をしても画像の原型は保たれるために，画質の劣化は避けて画像の特徴も保つことができる。

しかし，単位ベクトルの太さは自由に変えられるので，種々の2色で描いた線幅のある画像が存在する。2色は白と黒が原則であるが，カラフルにするために色彩

（a） 多値近赤外画像

（b） 2値画像

図1.18

を施すことも多い。建造物の設計図や漫画に登場するサザエさんの輪郭図も種々の太さでのベクトルから成り立っている。

この他，既に紹介してきた濃淡レベルを持った濃淡画像でも，画像内の特徴を抽出するために2値化処理が行われ，2値画像に変換される。これらの2値画像には，従来の基礎画像処理の適用が不可欠なことから，以下に汎用的な2値画像処理項目を記す。

1）2値化処理

多値画像の場合，画素データを8 bitとすると濃淡レベルが0～255階調あるが，これを白と黒の2階調に変換することを2値化（binerization）という。画像の2値化は閾値処理（thresholding）によって行う。これより2値画像（binary image）が生成される。これは，目的画像を1として，その他の背景画像を0とすることで，解析対象のみを鮮明に浮き上がらせることができるからである。多値画像を2値画像にした事例を図1.18に示す。

2）ノイズ除去

2値や多値データで1画素だけ孤立している画素をノイズといい，このノイズを削除したいときは周辺画素値に置き換える。たとえば，図1.19（a）のオペレータ3×3で，その画素位置をr_i（$i=0$～7）とし，図1.19（b）のようにr_iの値をx_i（$i=0$～7）で表すと，

$$x_0 \neq x_i \ (i = 1\sim 8) \quad (x_i - x_0 = \text{const}) \tag{1.19}$$

のとき，r_0の値x_0にx_i（$i \neq 0$）を置換する。これを平滑化フィルタという。

また，$x_i - x_0 \neq \text{const.}$に対しては，$x_i$（$i=1$～8）を平均した値を$x_0$に置き換える。

r_4	r_3	r_2
r_5	r_0	r_1
r_6	r_7	r_8

x_4	x_3	x_2
x_5	x_0	x_1
x_6	x_7	x_8

（a）オペレータ 3×3　　（b）3×3の画素位置

図 1.19

x_i の中に別のノイズを含むときは，この影響をさけるためにメディアンフィルタをかける。メディアンフィルタは3×3セル内の画素を濃度 x_i（$i=1\sim8$）の大きい順に並べて，その中央値を x_0 に置換する。

3）細線化

線ベクトルは太さがまちまちのため，骨組みになる線を求めておく。このため太さのある画像を一本の線にする。これを細線化（thinning）という。細線化は骨格（skeleton）検出をすることにもなる。

4）エッジ抽出

2値画像から目的画像の周囲の線分を検出したり面積を算出したりする。面積は画素数をカウントして算出できる。このほか形状の輪郭を知るためにエッジ（edge）検出が行われる。エッジは白と黒の境界を求め，その画素を抽出する。

エッジ検出の微分フィルタの一部を式(1.20)〜(1.23)に示す。

$$f_2(i,j) = \sqrt{(x_{11}-x_{22})^2 + (x_{12}-x_{21})^2} \tag{1.20}$$

$$f_3(i,j) = |f_{3x}| + |f_{3y}| \tag{1.21}$$

$$f(i,j) = \frac{1}{2\pi\sigma^2} \exp\left(-\frac{i^2+j^2}{2\pi\sigma^2}\right) \tag{1.22}$$

$$V^2 f(r) = \frac{r^2 - 2\sigma^2}{2\pi\sigma^2} \exp\left(-\frac{r^2}{2\sigma^2}\right) \tag{1.23}$$

5）ラベリング（labeling）

画像内のパターンを認識するには，各パターンが何であるかということを判別する前に個々のパターンを区分する必要があり，そのために各パターン個々に番号や記号を付ける。これをラベリングという。

ラベリングには連結の仕方によってパターンも変わってくる。画素の連結性を対象画素の左右上下の4近傍のみとするか，斜方向の画素も考慮した8近傍とするか

に分けられる。例えば，オペレータ3×3内で中央のr_0の画素が他のr_i($i=1〜8$)と連結していないときには連結数（connecting number）は，Cont＝0である。このContの数によって，端点，折点，分岐点，交点に分けられる。

連結数は格子形のマトリックス画像の3×3領域の上下左右のみを連結成分とした4連結成分と，3×3領域の周辺すべてのr_i（$i=1〜8$）を連結成分した8連結成分とがある。

6）照合・認識

画像内の各々のラベリング画像を抽出してから，既存のパターンと比較・照合（matching）して，類似した既存パターンから選出する。そして，画像内から同じ形状をしたパターンの対象物を検出（object detection）することになる。

照合の例として，地図記号を取り上げると，学校，寺，神社，工場，針葉樹，広葉樹などの記号がこの事例である。

以下に照合する認識法のテンプレートマッチング，チェーン符号化，幾何学的特徴点，周辺分布法，連結方向の画素の有無，反射法，細長比，ホール数とオイラー数，円形度および複雑度などを紹介する。

a. テンプレートマッチング

これは印刷記号のようにマッチングする画像が定形で方向サイズが一致するときに用いる。単的には重ねて一致する度合を調べる。

b. チェーン符号化

細線化画像を8方向のベクトル番号で画素を記述するのをチェーン符号化という。幾何学的特徴点間をチェーンとかラインという。フリーマンのチェーン符号化は8方向なので1点につき3bit必要とする。しかし，方向出現確率を考えると，出現確率の高い方向に2bitを与えるとbit列が短くてすむ。この方法を方向差分符号化という。

c. 幾何学的特徴点

幾何学的特徴の要素としては，端点，折点，分岐点，交点があり，この数によって画像パターンを区別する。これは画像の煩雑な縮尺や，方向などに依存しないため，定型の印刷文字，アルファベット文字などに対しては応用性が高い。

d. 連結方向画素の存在

目的画像範囲の内部をスキャンして注目画素から上下左右の方向に調べ，目的画

像が存在するとき1,存在しないとき0を与えて,それを記憶させることによって,画像の特徴を見出すことができる。

e. 周辺分布法(投影ヒストグラム法)

画像がどの位置に存在するかを知るためには,2ないし4方向からヒストグラムを算出すれば,パターンの投影ヒストグラムの度数が変化して現れる。このヒストグラムから画像パターンの外形の範囲が特定でき,ヒストグラムの形状からパターンの特徴を読み取ることができる。$m \times n$サイズの二値画像$g(x,y)$とすると,x方向のヒストグラム$H_i(x)$は次のように容易に算出できる。

$$H_i(x) = \sum_{i=0}^{m-1} \sum_{j=1}^{n-1} g(x,y) \tag{1.24}$$

f. 反射法

2値画像$g(x,y)$を上部から走査して目的画像を見出したとき,これまでの背景画像の画素数a_{11}を算出しておき,その走査線の半分の位置に認識記号(ここではピリオド)をつける。同一走査線で目的画像が切れ背景画像になったとき,その背景画像が終わるまで走査し,背景画像の画素数a_{12}の半分の位置に認識記号を付ける。

g. 細長比

細長い長方形と正方形に近いものを区別するのに細長比が使われる。細長比:Bは次式で与えられる。l_x, l_yはx, y方向の画素数を表す。

$$B = \frac{l_x}{l_y} \tag{1.25}$$

h. ホール数とオイラー数

画像の中にホール(穴)がある例として数字の0,6,8,9がある。0,6,9はホールが1つ,8はホールが2つある。これは画像認識の重要なトポロジカルな性質の要素となる。トポロジカルな性質とはゴムシートに歪みを加えても不変な要素として説明できる。このホール数Hと成分数Cからオイラー数Eが定義される。

$$E = C - H \tag{1.26}$$

このオイラー数を実画像に適用するのに,頂点数V,辺の数n,部分領域数rとしたとき次式となる。

$$E = V - n + r \tag{1.27}$$

同様に領域が 8 連結,背景が 4 連結としたときオイラー数 E は次式となる。
$$E = V - E - D + T - R \tag{1.28}$$
ここに,D と T は 2×2 の bit 画素の組数である。

i. 円形度

円形度は画像が円形かそうでないかを分けるときに用いる。画像の周長 l_a,面積を A としたとき,円形度 C_j は次式となる。
$$C_j = \frac{l_a^2}{A} \tag{1.29}$$

画像が円の場合,$A=\pi r^2$,$l_a=2\pi r$ であるから,$C_j=4\pi$ となり,正方形の面積 $A=\pi r^2$,辺長は $l_a=4\sqrt{\pi}r$ となるので,$C_{ij}=16$ となる。円が多角形になると,円形度 C_{ij} の値は大きくなる。

j. 複雑度

複雑度 D_j は,対象の面積 A,その周長:l_a とすると次式で与えられ,周長が大きくなると,複雑度が大きくなる。
$$D_j = \frac{l_a^2}{A} \tag{1.30}$$

1.2 多次元画像

多次元には,平面座標系に奥行の座標系を加えた 3 次元空間座標系がレンジ画像に使われるし,レンジ動画像では,時間軸を加えた 4 次元画像が使われる。ここでは,3 次元空間座標系の 3 次元画像とこれを視覚化するステレオ視が不可欠であることから,これらの基礎的な事項を解説する。

また,衛星画像データのような多波長帯の多次元画像では,多次元データの可視化方法や多次元データを平面に投影する手法に限定してその特徴を述べる。

1.2.1 3次元画像

3 次元空間に存在する被写体を 2 方向から撮影し,これから一対の 2 次元画像から 3 次元物体を仮想空間に虚像として再現することができる。この一組の 2 次元画像をステレオ画像ともいい,3 次元(3D)画像の一種類である。この虚像を見るため

```
                    3次元画像計測法
                   /            \
              受動式              能動式
            /   |   \          /    |    \
      単眼視法 ステレオ法 レンズ焦点法  光レーダ・レーダ法, 照度差法
              |                  |          \
         両眼視法, 多眼視法    時間差法, 位相差法   モアレ光, 干渉法
                                   |
                      点投影法, スリット光投影法, 走査式法
```

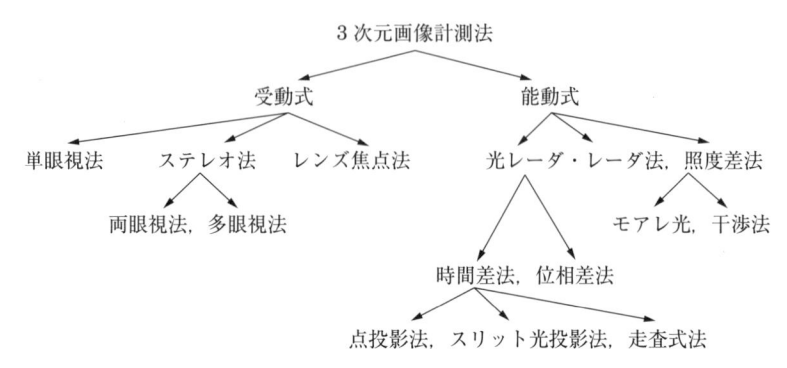

図 1.20 3次元画像を得る計測法

の方法を立体（ステレオ）視という。

3次元画像を求める計測法には，図 1.20 に示すように受動式と能動式があり，受動式には，レンズ焦点法，単眼視法，ステレオ法（両眼視法，多眼視法），動画像利用法などがあり，能動式には，光レーダ・レーダ法（時間差法，位相差法），アクティブステレオ法，照度差ステレオ法，モアレ光，干渉法などがある。

上記の3次元画像を得る計測法の中で，奥行き情報を活用する目的の3次元画像に関連する事項に焦点を当てて以下に説明する。

近年発展してきているレーザスキャナ装置を使うと3次元空間に存在する物体の表面を走査して，一定時間間隔で，各物体の3次元座標 x, y, z 値を抽出でき，3次元座標値を含んだ画像が再生できる。これがレンジ画像である。

このレンジ画像の事例は，図 1.6〜図 1.7 に示してきたけれども，点群で表した3次元画像もある。この点群はレンジ画像の画素を表していて，この点群をあらゆる角度から観測したときのモデルを表示することができる。これらはすべて3次元画像である。これらを含めたレンジ画像や点群画像についての詳細は，4章で述べる。

1.2.2　3次元画像表示

欧州では 1830 年代から立体視（stereopsis）の研究が盛んとなり，写真技術に取り入れられ，欧州の地図作成技術に立体視が取り入れられてきた[1-17]。

3次元空間に存在する物体を2方向から撮影し，これから2次元画像を再生して，両眼の視差を使って観測すると，撮影した立体物の虚像ができる。これで撮影物体

を可視化することができる。この立体物の虚像を観るために，1838 年頃にステレオスコープの原型が作りだされ，1940 年以降ステレオ写真がよく使われるようになった。1850 年代になるとアナグリフ（赤青メガネ）方式，1900 年初期には，パララックスバリア方式，レンティキュラ方式が考案されてきた。同時期にホログラムの原理の発見によって，偏光メガネ方式の立体映画や，ホログラムによる 3 次元映像の研究が進展して，1990 年代ホログラムによる 3 次元テレビの研究も開始され始めた。

　立体用のメガネを用いる方法には，偏光メガネ法，ステレオスコープ，赤青メガネを用いるアナグリフ法，濃淡の差を用いるプルフリッヒメガネ法，マイクロプリズム法，時分割シャッターメガネ法などがある。立方体を観察したとき両眼に知覚する左右の像の相違を図 1.21 に示した。立体用のメガネを用いる方法は，メガネを掛けることで，仮想の立方体があるかのように見せかけることにほかならない。また，図 1.22 に示す 2 物体 P_1，P_2 の遠近は，副そう角 α の相違によって異なり，副そう角の相違は，網膜像の視差の相違によって判定される。

　一方，立体用のメガネを用いない方法には，一枚絵ステレオグラム，パララックスバリア，レンティキュラ，蠅の目レンズ，ホログラフィックステレオグラムなどがある。

　人間は物体観測をするときに，図 1.21 のように両眼の網膜像に視差 px_1 と px_2 を生じ，これが遠近を判断する情報であることがわかっている。したがって，この視差差 $\Delta p = px_1 - px_2$，の相違から図 1.22 の副そう角に差があることを感知でき，

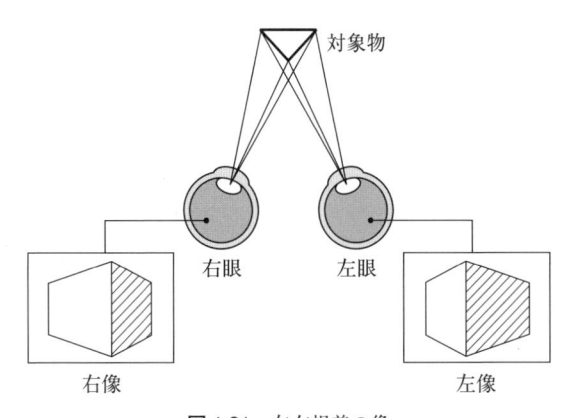

図 1.21 左右視差の像

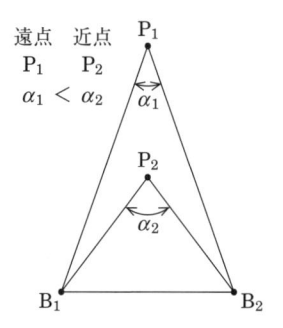

図 1.22　副そう角による遠近

人間は物体の遠近（奥行き）を知覚することができる。

　赤青メガネを用いるアナグリフ法は，ステレオ画像を補色の関係の赤青の2色で表示し，これに赤青メガネをかけて観測すると左右の眼で相異のある色調の画像を見ることになる。

　パララックスバリア法は，2枚の視差像を上下方向に交互に並べ，その画像の前方にパララックスバリア（parallax barrier）をセットする。このバリアでの開口部の幅は，要素画像と同じである。この画像を観察すると左右の眼に個別の画像が両眼視差の効果で分離することができる。図1.23にパララックスバリア法による両眼の像の相違がパララックスバリアとスリットの効果で区別されることを示した。

　偏光メガネ方式のホログラフィでは干渉性の良いレーザ光を用い，レーザ光をビ

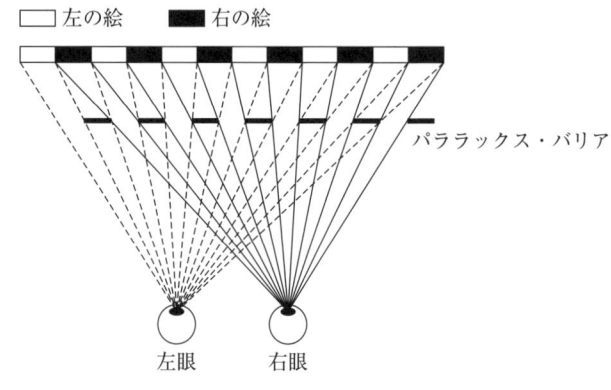

図 1.23　パララックスバリア法

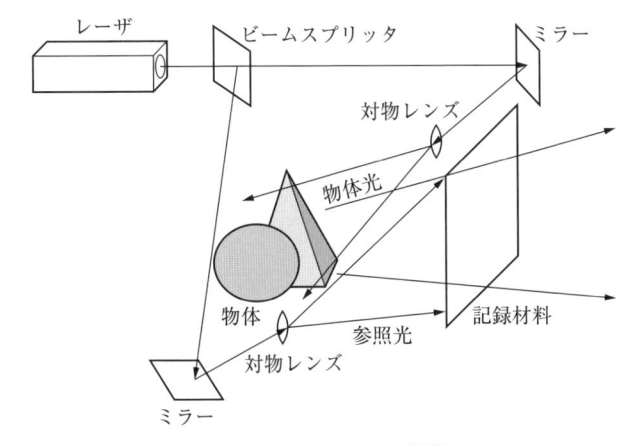

図 1.24 ホログラムの保持

ームスプリッタで二分する。一方の光を対物レンズによって広げて物体に当てると物体の各点から反射光を生じる。この反射光は各方向に広がるので物体から離れた位置でのフィルムに露光する。他方の光もミラーで方向を変えて対物レンズで拡大させフィルムに照射させる。このレーザ光の経路を図 1.24 に示す。

フィルムには，この物体光と参照光が干渉現象によって 1 mm に数千本の密度で縞模様ができ露光する。この縞が干渉縞で，被写体の明度の振幅と，光の方向による位相があり，これらの振幅と位相を干渉縞という形式でフィルムに焼き付けられる。これをホログラムという。

2 台のプロジェクタに直交する偏光板を装着させて画像を投影する。この画像を偏光メガネを通して見ると，プロジェクタの偏光板と一致した方の目にその像が見えるので，両眼視差が発生して立体像を観測することができる。

1.2.3 多波長帯画像

リモートセンシング（remote sensing）分野で取り扱われている宇宙空間物体や地球の地表などを表した衛星画像には，X 線，紫外線，可視光線，近赤外光線，中間赤外光線，遠赤外光線からマイクロ波までの広域の電磁波を画像化している。これは各波長帯域のセンサが開発された結果である。初期には近赤外光線の収集データから変換された植生画像から森林内の戦車の発見，樹種区分調査や食料の生育状

況調査に利用されてきた。これは近赤外光線が植生の葉で強く反射されるため，他の地物とよく区別することが解ったからである[1-18]。

次に，遠赤外線（8〜14μm）はリモートセンシング以外にも医用画像処理等に応用されていて，体温が一定であるのに対して，乳ガン部分では温度変化が見られるので診断補助器として活用されている。これを宇宙開発に応用するために開発され始めたのが，中間赤外光線や遠赤外光線に感度を持つセンサである。現在では，遠赤外光線センサからの抽出データを変換した画像から海面海流の表面温度分布が視覚的に観測できるようになっている。

この関連事項としては，気象衛星による雲の移動観測による天気の予報への利用は周知の通りである。特に，波長帯：$\lambda \geqq 1.5$ μm では直接にフィルムに感光させる材料が発明されていないため，写真記録の範囲外のために，各波長帯センサで抽出したデジタルデータで記憶しておく方法が現在主流になっている。

市販のデジタルカメラはもとより，人工衛星に搭載されているセンサからも画像データを記憶した多波長帯の画像がある。

リモートセンシング分野の主な衛星に搭載されたセンサの分解能やこれに係る利用のごく一部を紹介する。

① ハッブル望遠鏡（Hubble Space Telescope：図 1.25）は[1-19]，長さ 13.1 m，重さ 11 t で高度 559 km 上空の軌道上にあり，数千個の銀河を撮影したり，宇宙の膨張を観測するなどして，天文物理学のダークエネルギー（dark energy）[1-20]，ダークマター（dark matter）[1-21]の解明の担い手としても活躍しているものである。観測波長は，紫外，可視光，近赤外なので，疑似カラーの多種の天文疑似カラー画像を世に送り出してきている[1-22]。

② 世界気象機関（WMO）と国際学術連合会議（ICSU）が共同で行った地球大気観測計画（GARP）の一環として計画されたものの中に，わが国の静止気象衛星 GMS（Geostationary Meteorological Satellite），MTSAT（Multi-functional Transport Satellite）の「ひまわり」があり，図 1.26 のようなひまわり画像が収集でき，ひまわり 10 号までが，2020 年までに予定されている。ひまわりには，可視赤外走査放射計（VISSR）による画像データが受信され，可視画像：1 km（可視 1 band），赤外画像：4 km（赤外 4 band）の解像度の画像が無料で使用できる[1-23]。

図 1.25　ハッブル望遠鏡　　　　　図 1.26　ひまわり画像

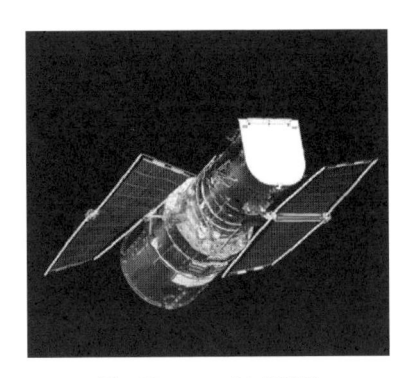

③ アメリカの LANDSAT-7 衛星に搭載された ETM＋センサは，0.45〜0.90 μm の波長帯に 8 band を有し，15, 30, 60 m の分解能であるから，詳しい地表の画像が利用できる（図 1.27 参照）。また，日本の ALOS 衛星「だいち」の PRISM センサの分解能 2.5 m の画像利用もなされてきた。

④ アメリカの衛星の GeoEye-2（Pan：34 cm）[1-24]，WorldView-3（Pan：31 cm）[1-25] は分解能 1 m 以下の高分解能センサを搭載しているので，航空画像データに近い高解像度の画像の入手も可能である（図 1.28 参照）。

⑤ 地球の表面を観測する上記の衛星データを拡大すると，都市のような町並みを

図 1.27　LANDSAT 画像　　　　　図 1.28　GeoRPC 画像

覆っている部分のデータ化はなされてきているが，町並みの側面は観測できない。そこで，町並みの側面を地上レーザスキャナ装置を用いてデータ化をすれば，町並みの側面のレンジ画像が作成でき，町並みのモデルがレーザスキャナのデータと衛星データと併用することで都市解析に利用できる。

したがって，風景背面やモデリングの周辺の背景に上記の衛星画像が利用できるので，インターネットを介したGoogle Earthの地球全体の表面画像や緯度，経度，標高をリンクさせた3次元画像[1-26]，さらには，市内の街並を拡大した建物の立体ワイヤーフレームモデルに欠落している側面画像の貼り付けなどの利用にレンジ画像処理と関係付けることができよう。

リモートセンシング分野の衛星画像データを巧みに処理するには，衛星画像データの拡張子をGeoTIFF，BMP，JPGなどにデータ変換して，手持ちの多値画像の処理ソフトウェアで処理可能にするのも1つの方法である。

地球を対象にしたこの調査も，規模によってセンサや計測法が異なってくる。銀河，太陽惑星，全地球観測，諸国全域（日本）観測，国内の地方（関東）観測，行政界（都道府県，市，群，町村）観測，農作域観測，林界内観測，町並み・集落観測，個別対象観測などとその分野ごとに特技がある。詳細な調査分野には初期のリモートセンシング技術は使われなかったが，昨今の数10 cm単位の画素で構成できる人工衛星から収集されている高解像度画像データの利用では，従来の地図作成に使用されてきた写真測量技術に取って代わり，航空機調査の用途は影を潜めつつあり，多くはコンピュータ情報技術に吸収されてきている。地球上の画素データは，観測対象が何であるかの源であり，その位置は，GPSやGLONASで代表される測位システムと連動させることで，0.1秒単位まで正確に関係付けることができる[1-27]。

宇宙望遠鏡を介した遠方の銀河宇宙の擬似画像，地球や火星の上空からの素敵なリモートセンシング画像も多方向・多次元によるマクロな3Dモデリングの世界に進出してきているが，オクルージョン（隠蔽）は解決できない問題である。ここに地上レーザスキャナによるレンジ画像データ収集の道があり，その先には，10 km^{2}にも満たない遺跡から数メートルの人体，動物，小物体，さらには素粒子の解析[1-28]のような電子顕微鏡を介さないと見ることのできないミクロの世界を観測して画像化（図1.1（b）参照）してきている糸口があり[1-29]，レーザスキャナによるレンジ画

像処理技術の基礎を固めることが先決であり，この基礎技術がレンジ画像の応用3D技術を生み出すものと期待できよう．

演習問題

1-1 濃淡画像が劣化して白っぽくなっている．これをヒストグラムを用いて復元させる画像処理の方法を詳しく述べよ．

1-2 同一物体を撮影したRGBのカラー画像と近赤外濃淡画像がある．これらから近赤外カラー画像を再生する処理手順を述べよ．

1-3 RGBのカラーをMCYのカラーに変換したい．この関係式を示して，そのアルゴリズムを作成せよ．

1-4 GeoTiff画像とTiff画像のベダー部分の相違点を述べよ．

1-5 垂直方向からの衛星画像と水平方向から撮影された地上からのレンジ画像を合成するメリットを述べよ．

第2章
位置測定の方法

2.1 前方交会法

　測量分野で3次元位置を決定する基本的な方法に前方交会法がある[2-1]。これは図2.1に示す基線長：$B=\overline{B_1B_2}$と両端点B_1，B_2から夾角α_1，α_2を求めて，前方の位置$P(X, Y)$を求める方法である。測量の基線測量と両端の夾角測定には，巻尺とトランシット（セオドライト）やトータルステーションを用いる。距離が長くなると測距儀やトータルステーションが使用され，50 kmの距離をわずか±数cmの誤差で計測可能である。三角形を連続に繋いだ三角網の三角測量も，辺長が直接測量可能になったことから三辺測量に変わってきている。この三辺測量には反射ミラーが必要である。

　これまでの測量技術は，地表の測長と測角を1点1点人間が計測する技術であり，予め規定された誤差と精度内に収めるような成果が要求されている。測量点が多くなると写真に投影したフィルムから室内計測する方法がシステム化され，写真測量技術が発展し，地図作成が業務化してきた。この写真測量には，航空機にカメラを搭載して地表をフィルムに撮影する航空写真測量と，地上カメラを使って地表をフィルムに撮影する地上写真測量とがあり，この基本的な投影関係を図2.2に示す。

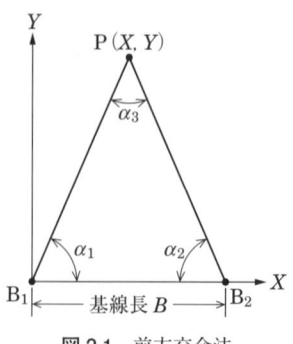

図2.1　前方交会法

2.1 前方交会法

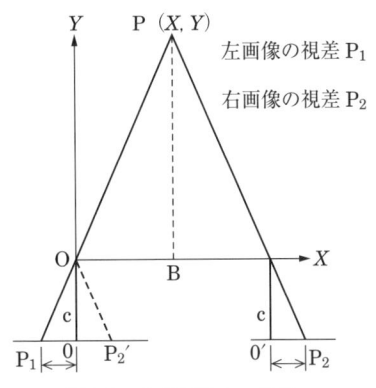

図 2.2 ネガ画像上の視差

最近では，フィルムの代わりに，CCD 素子を配列した受光装置となり，c が画面距離，P_1 や P_2 面が CCD 素子の受光面（フィルム面）である。左右のカメラから 2 種類のステレオ画像には，地表の点 $P(X, Y)$ が x 視差 p_1，p_2 として撮影される。

この前方交会法はステレオ視の立体像を求める原理でもある。

カメラで静止体の地表 P を撮影するとき，地表座標を X，Y，Z で表し，図 2.2 のように，遠近方向を Y 軸，鉛直方向を Z 軸とする。この原点に左カメラのレンズ中心があり，ネガ画像（陰画面）の XY 平面の原点は光軸と交点とし，フィルム上の座標計測の原点に用いる。(X, Y) 平面上に投影された地表点 $P(X, Y)$ のネガ画像上の px_1 や px_2 を x 視差という。左右画像の x 視差差を，$\Delta p_x = px_1 - px_2$ で求められる。この視差差 Δp_x の値は点 $P(X, Y)$ の遠近を表す要素となる。

また，$X = p_x \cdot B / \Delta p_x$（$B$：基線長），$Y = c \cdot B / \Delta p_x$（$c$：画面距離）の関係がある。もし，点 $P(X, Y)$ が遠方になれば視差差 Δp は小さくなるので，距離の算出精度は低下することになる。この時には，撮影する基線長 B を大きく取る必要がある。近年は CCD カメラの画素数が増加しているので，計測用にも適用できるようになってきたことから，写真やフィルムの代りに CCD 画像データの利用も可能になってきた。

ステレオ視の立体像を両眼で実体視する方法に代わり，コンピュータ解析技術を使用する新分野が登場して，対象物体の奥行情報を算出するステレオマッチングの手法が開発されてきた。この奥行の距離を算出する方法には，相互相関法，位相差法，フーリエ相関法，フーリエ位相差法，動的計画法，高速パターン処理法[2-2]など

がある。しかし、この方法による奥行の距離の算出もレーザ計測で十分代行できるようになってきている。そこで以下，レーザ計測の基本となる事項について述べる。

2.1.1　前方交会型レーザ計測

　前方交会法は，野外の物体の位置を測量する基本原理であるが，測点が n 点あれば，基線長 B の両端から n 測点ずつ観測しなければならないし，後日，観測ミスが発見された時，現地に再度出掛けて再測しなければならなかった。

　しかし，写真測量の発達によって仮想ステレオ視の技術を生み，上空からの野外の風景ですら仮想立体像を室内で再現でき，航空写真やフィルム像の計測技術を発展させてきた。図2.2に示してきたネガ画像上の視差測定がステレオ技術の原理を説明する典型的なものである。

　このステレオカメラ技術の写真を撮影するには，1台のカメラを移動して，2か所から撮影するか，同種の2台のカメラのシャッターを同時に切るのが高精度計測の原則であったが，仮想現実を追求する分野の発展と同期したように，基線長 B の一端に光源を設置して，スリット状に被写体に照射し，これを基線長 B の他点に1台のCCDカメラを設置して，前方交会法の原理を基本にしつつ小物体の室内計測に使われ，このような立体計測可能な手法が，コンピュータグラフィックス分野などで利用され始め，この計測原理に使われている光源位置にレーザ光源を設置させるようになり，さらに，図2.3のようにCCDカメラ位置にレーザ光を反射する小型ミラーを設置する方法へと発展してきた。基線長 B の一端でレーザ光を物体に照

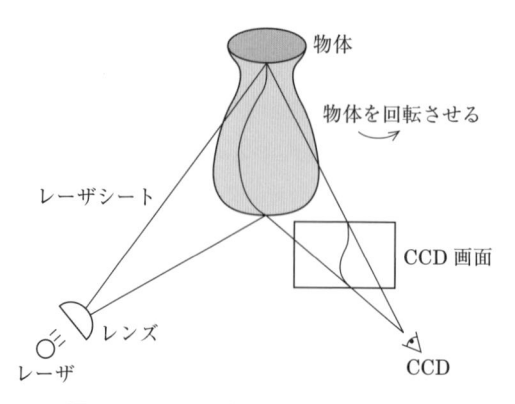

図2.3　スリット光源とレーザ光源の計測

射し，このレーザ光とは別に，基線長 B の他端に反射ミラーを設置して物体の位置計測をする方法がとられてきた．これを光三角測量の原理ともいう．

　この方法では，対象物体が花瓶のような小物のときに，円形の回転させる台に被写体の花瓶を置くことによって，小物の1断面をスキャン計測すれば，回転台を少しずつ移動して，小物の表面を全計測することができるからである[2-3,4]．この方法によれば，既存の考古物の形状把握やコンピュータグラフィックス（CG）で3D物体のデータ化に役立てることができるし，設計図のない古物の破片表面の複雑な物体形状も瞬時にデータ化できるようになってきた．

　この方法では，走査単位に物体の断面単位の点群データが得られるために，抽出した点群データから正面，側面，立面に相当する視点は基より，あらゆる視点からの虚像を再生できることになる．点群データをそのままディスプレイに表示しても有効であるが，対象物体だけを分かりやすくするには，近傍の点群を三角パッチで表現したほうがより効果的に形状を認識しやすくなる．三角パッチ以外にもこの過程を拡張して，四辺形や多角形を使い，さらには曲面近似もできる．

　このように仮想物体を分かりやすく，実用的にするには，モデリング技術を巧みに使い，色調，透明度，反射率，屈折率，自己発光量などをCG用ソフトウェアで補っていくことになる．

　このモデリング技術を要約すると，シーンレイアウト設定，レンダリング，レタッチ，などがあり，制作技法の中には，テクスチャマッピング，バンプマッピング，ディスプレイスメントマッピング，ハイパーテクスチャ，パーティクル，細分割曲面，ブーリアン，メタボール，逆運動，ライティング，テセレーションとポリゴンメッシュ，反射とシェーディングモデル，Zソート法，Zバッファ法，スキャンライン，レイトレーシング，ラジオシティ，フォトンマッピング，パストレーシングなどがある．この他にもサーフェスモデルやボックスの処理がある[2-5]．これらの基本的事項は，レンジ画像処理の基礎理論の第4章のモデリング処理で一部述べる．

2.1.2　測距型レーザ計測

　測量学（survey）分野では，長距離用測距儀が1960年代から欧州のWILD, ZAISS社製などが使われ始めた[2-6]．これは2点間の計測用で，レーザ計測のために高精度のことから，従来使用してきた基線長を拡大して，三角測量の三角網の基

線や検基線に使う方法の古典的な三角測量から脱皮して,三角網の各辺を直接計測する三辺測量へと革新してきた。このために,図 2.4 の三角網の累積歪みの誤差調整法も更新させてきた。また,写真測量の仮想実体視による地図作成に不可欠な空間標定理論もコンピュータの高速クロックのディバイスの出現をみて,多くの航空測量企業で処理機器を搬入可能となった。このような過程の中で,地表上の 1 km 前後の短距離用にも,図 2.5 のように小型測距儀が当初欧州で生産され日米に輸入されてきたが,その後,日本製の測距儀の製作も可能になり,最近では,セオドライトと測距儀を組み合わせたトータルステーションの装置へと飛躍してきた経緯が

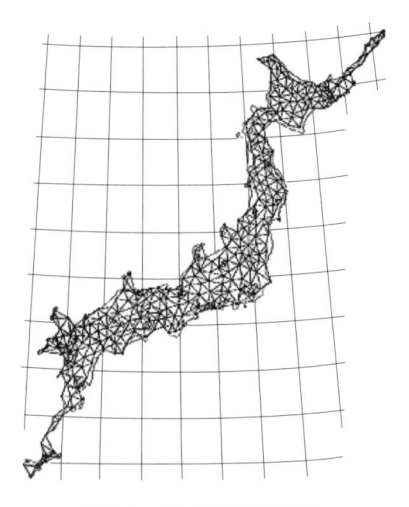

図 2.4　三角測量の三角網

図 2.5　MILITARY LASER RANGEFINDER LRB20000

ある。

　ところで，1990年代に入ると，写真で記録してきた風景やそこに存在する緒物体の表面形状を面的に走査して，3次元（3D）データとして，しかも高速に抽出できるレーザスキャナが欧州で生産され，輸出入され使用され始めた[2-7]。

　画像処理は通常デジタル画像処理について言及するが，光学のアナログの画像処理もデジタル変換によって可能である。

　カメラは視野の中に表面の周りの色彩情報を収集するが，3Dスキャナは視野の中に物体の表面までの距離情報をも収集できる。このスキャナによって生成される画像は，被写体の各点群の表面までの距離を要素にしても表現できる。

　したがって，この距離画像の画素には特定された3次元座標の値を含むことになる。被写体表面を計測した点群データからの被写体を縮小化したモデルは，コンピュータに仮想空間モデルを生成するのに駆使されてきている。これは，被写体の表面を1か所からでも数万の点群で計測できるし，被写体を囲む複数箇所からの観測・計測は，仮想空間内に十分な点群データをもたらすことができるからである。

　3Dの被写体の形状をデジタルに取得するための種々なタイプがある。大分類すると接触と非接触の3Dスキャナのタイプに分けられる。さらに後者は，受動式スキャナと能動式スキャナに分けることができる。

　この能動式3Dレーザスキャナは，レーザ計測によるもので，計測データはコンピュータグラフィックス（CG）分野の3Dモデリングに活路を見出してきている。その中でも3次元コンピュータグラフィックス分野では，3Dモデルに対して特化されたソフトウェアが開発され一部企業化されており，仮想物体のみならず人間を含めた生物の3次元的な表面やその内部までも数学的に記述する過程を含むようになった。ここで創生される仮想空間モデルを一般に略して「3Dモデル」という。その3Dモデルの創生過程には，2次元画像処理技術も必要であり，種々なレンダリング処理，3D画像表示や，数学的のみならず必要に応じて物理的現象を加味するときには，コンピュータ・シミュレーションも駆使される。

　このために既存ソフトウェアでは不十分となることから，ケースバイケースのプログラム開発が必要であり，3Dモデルの創生には，JavaやVC#などのプログラミング技術が常時要求されている。

　3DCGの制作にはモデリングの中に，モデリングで制作したオブジェクト（対象

物体）を仮想3次元空間に配置（シーンレイアウトの設定）すること，仮想の視点から見た画像の生成する過程（レンダリング），レンダリングで作成された画像に色調を加味したり，コントラストを付け加えたりしてデザイナの意図しているものに限りなく近付ける（レタッチ）などの行程が内在する。

その結果，最終的に創作された3Dモデルは，CRT画面表示するだけでなく，模型として3Dプリンタ・デバイスを使用することで物理的なモデルを製作・製品化も行うことができる[2-8]。この3Dプリンタの基礎技術は，1980年代から発展してきており，最近では，PCに保存されている3D形状の工業製品のモデルでも，現実に物体として，ミクロン単位の薄い層を積み重ねて作成する機械へと発展している。レーザスキャナによる点群データから，3D形状の製品を生産する過程の確立が重要である。

2.2 レーザレンジ計測法

2.2.1 LIDAR

ライダ（LIDAR：Laser Imaging Detection and Ranging）は，光を用いたリモートセンシング技術であり，パルス状に発光する散乱光を測定して対象物体の表面までの距離を算出し，対象の性質の分析や解析をするものである。軍事用にはアクロムLIDARの用語で知られている[2-9]。

以下，ライダの利用例を2,3挙げると次のようなものがある。
① 月面に設置された鏡を用いて，月と地球の距離を観測するのに衛星搭載型ライダが用いられ，月間の距離がmm単位まで正確に測定できる[2-10]。
② 気象学の大気の雲の粒子や煙などの大気によって運ばれる粒子（エアロゾル）の研究に使われている。高エネルギーシステムでは大気の雲の高度，層の構造，温度，圧力，風，湿度の測定を始め，雲粒子の性質である消失係数（extinction coefficient），後方散乱係数（backscatter coefficient），偏光解消度（depolarization）そして，オゾン，メタン，窒素酸化物などの濃度などの大気要素を測定できる。わが国でも国立環境研究所や富山県環境科学センターにライダを設置して気象の研究がなされている[2-11]。

③ 航空機型ライダによって，林冠の高さ，木の葉のキャノッピ，バイオマス測定などができる。この他，鉄道などの輸送産業でも計測用に使用している。

なお，レーザレーダはライダ（Lidar：Light Detection and Ranging）とも呼ばれ，レーザ光を光源として用いるレーダの意味やレーザ等の光学装置を使う点で通常のレーダとは大きく異なるが，基本的な原理はレーダと同じである。FioccoとGramsによる観測の1年後に同じ成層圏エアロゾル層のレーザレーダ観測にも成功している。成層圏エアロゾル層は高度約20 km付近にある硫酸を主成分とする0.1 μm程度の径の微粒子からなる層で，火山噴火によって急激に増加している。

1982年メキシコのエル・チチョン火山の噴火による成層圏エアロゾルの増加がレーザレーダで観測された[2-12]。

2.2.2 プロファイラ

プロファイラ（profiler）は，当初，航空機搭載用走査式ライダのことで，地表の地物の標高（高低差）を算出するために開発されてきたが，レーザ光の強度を下げて，人間や動物の眼にも優しいレーザセンサの開発がなされ，かつ機材部品の小型化に成功したことなどから，地上設置用のプロファイラが開発され製造され，市販されるようになってきた。このために，これ以降は航空機用プロファイラと地上用プロファイラに区分されるようになってきた。

a. 航空機用プロファイラ

別名：航空機レーザ測距装置のことで，レーザ光を発射して地表から反射してくる時間を調べて距離に勘算する装置である。飛行の進行方向に対し横方向にスキャンさせて地表面を覆っているキャノッピの高さを調査する。最近は，航空機用レーザスキャナとも呼ばれている[2-13]。

この装置を用いた航空レーザ計測は，図2.6のように航空機に搭載したレーザスキャナから地上にレーザ光を照射して，地上から反射するレーザ光とその時間差より得られる機上から地物までの距離情報はもとより，GPS測量機，IMU（慣性計測装置）から得られる航空機の位置情報を併用して，地上を覆っている（キャノッピの）高さや地形の形状を格子状に調べる新しい計測方法になっている。

計測点のレーザスポットは点ではなく円形で，このサイズは距離$D=2$ kmで直径が約0.5 m程度となる。飛行高度$H=2$ kmで走査角が左右20°で計測すると，

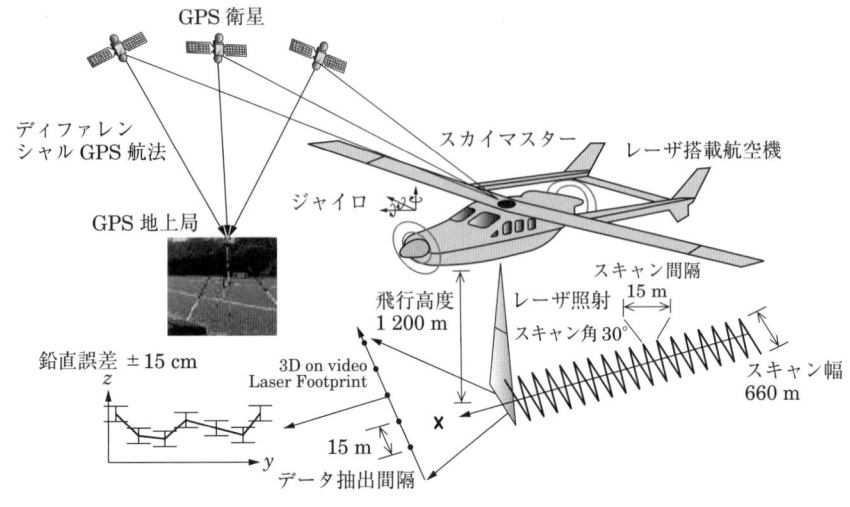

図2.6 航空機用プロファイラのメカニズム

地上約700 m幅を走査することができる。また，レーザ光は1秒間に10万回の発射が可能で，地表で約0.5 m間隔でも計測が可能である。上空からの航空レーザ測量の手順を要約すると次のようになる。

① 調査対象に合わせた航空レーザ機材，測点の取得密度を選定し，飛行高度，飛行速度，コース数，コース間隔，サイドラップを試算し決定する。
② 航空機の位置測定に，GPS基準局を設け，電子基準点を利用する。
③ 航空機レーザ測量を実施し，同時にGPS基準局での観測を行う。
④ 走査式スキャナから抽出されたデータを検証し，計画通りのデータが収集されているかチェックする。
⑤ データ収集を実施した結果のデータをオフィスにて3D Viewerなどで観察してノイズ除去などの前処理をしたりして，各走査点群の座標値を算出する。このデータから数値表層モデル（DSM）を作成する。
⑥ 数値標高モデル（DEM）のデータにするには，樹木や人工構造物がない状態の標高値に補正する。

b. 地上用プロファイラ

上空からのレーザ計測では，人間の眼に対する悪影響を避けた方法が採用できてきたが，同じレーザ光の強度を地表で水平に照射することは危険であり，使用でき

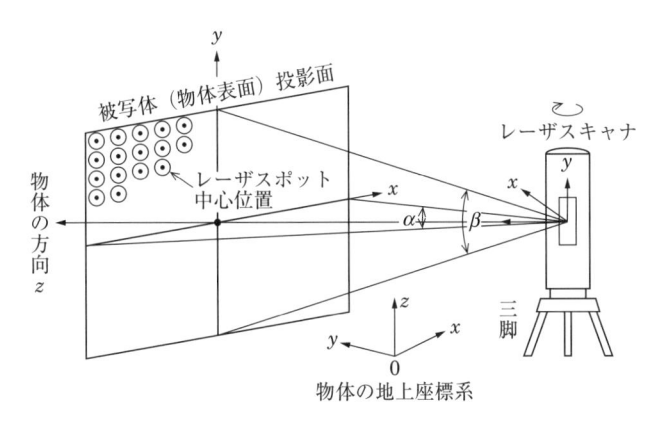

図 2.7 地上用プロファイラのメカニズム

なかった。しかし，アイクラス 1 の眼に優しいレーザ光が開発され，地上用プロファイラの装置として 1990 年後半頃から市販され始めた[2-14]。これを別名レーザスキャナともいう（図 2.7 参照）。この装置は，軽量で瞬時に現地で 3 次元データを収集でき，レンジ画像を作成・応用できる。これに関する詳細は第 3 章で述べる。

2.3 地球測位システム

複数の衛星位置から地球上の位置を割り出す測位システムを地球測位システムといい，アメリカ製 GPS やロシア製 GLONASS などが運行している[2-15]。これらの概要を述べる。

2.3.1 GPS

グローバル・ポジショニング・システム（GPS：Global Positioning System）の全地球測位システムとは，米国によって運用される衛星測位システム（地球上の現在位置を測定するためのシステム）をいう。このシステムの最初の衛星ナブスター 1（NAVSTAR-1）は，1978 年 2 月 22 日に打上げられた。

GPS 衛星は約 20 000 km の高度を 1 周約 12 時間で動く準同期衛星である（静止衛星高度：36 000 km より低い。図 2.8 参照）。軌道上に打ち上げられた 30 個を下回る衛星コンステレーションで地球上の全域をカバーしている。

第 2 章　位置測定の方法

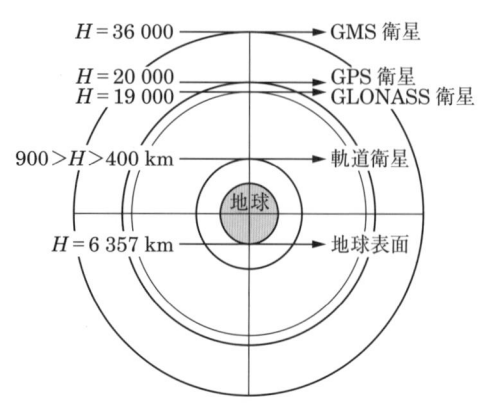

```
H = 36 000 ──────── GMS 衛星
H = 20 000 ──────── GPS 衛星
H = 19 000 ──────── GLONASS 衛星
900 > H > 400 km ── 軌道衛星
    地球
H = 6 357 km ────── 地球表面
```

図 2.8　地球測位衛星高度

　日本上空に障害物がないとき，日本では受信可能な衛星は 6～10 個程度である。位置の算出の原理は 3 個の GPS 衛星からの距離がわかれば，地表・空間上の 1 点は決定することができる。現実的には多くの衛星の受信で測位精度を向上させることができる。受信機の性能を増す機材が開発されているので，4 個以上の衛星を受信可能なときは，位置誤差を最小にするような衛星の選択や最小二乗法による平均化などがなされている。

　当初，船舶航路や航空機の安全運行に利用されたが，平面地図とリンクさせて地上車の目的運行補助のカーナビゲーションに使われだして，最近では，画面の大型化と共に，駐車場位置，グルメやショップの位置表示，3D 表示の機能も加わっている。道路工事や建設道路の情報もリアルタイムに伝えられ地図の更新もできる。

　また，地球を周回する LANDSAT 衛星を主体にした衛星画像は，地球儀モデルを作成して，これを世界の何処にいてもインターネットを介して閲覧できるシステムを 2005 年頃から Google Earth が公開し，地球表面の衛星画像を縮小・拡大し，マウスやパット対応で画面上で地球の任意点の緯度，経度，標高を閲覧可能にした。その後の更新で，主要部分には，高解像度の衛星画像が取り入れられ，航空写真のモザイクも画像化して組み込まれ，3D 化も進んできている。

　これらと平行して，地形図や市街地図なども表示選択できるようになり，市街地のビルを主体とした構造物のワイヤフレームモデルも閲覧可能になってきている。衛星や航空機からの画像は，上空から覆っているキャノッピ画像の収集が得意であ

るが，市街地のような高いビル街の側面画像の収集は困難で，3D化には地上からのビデオ画像やCCD画像の貼り付けが必要である。これには，多くの時間と労力を要する。また，時間的な要素で外観が刻々と変化していくために，駐車場検索にも耐えるシステムでなければ，実用性に欠けてしまう時期にきている。このような地上の変貌に対応した画像の収集には，時間，RGB値，3次元座標値の少なくとも7次元データを同時に収集できる画像データを定期的に入手していくことが急務となってきている。幸いにして，このような情報収集ができ，これから得られたデータ群をコンピュータに直結できる装置がある。これがレーザスキャナ装置である。

このレーザスキャナ装置によれば，数分で360°の周辺画像データ，レーザ照射光の反射データ，RGBデータ，3次元座標データ，データ収集時間を同時に抽出できる。このデータからのレンジ画像処理をルーチン化することで，世界の都市・農村の時系列モデルをコンピュータの記憶媒体に保存し，いつの時期にでもアクセス可能となる。高速道路や市内に点在するビデオ映像は，解像度を上げることで，レンジ画像データとリンクできることから，これらの用途もますます重要視されよう。

このためにも，ビデオ映像とレンジ画像データとの結合事例を強調する意図もあって，第7章のレンジ画像の応用に掲載したので参考にされたい。

2.3.2 GLONASS

ソビエト連邦が開発し，現在はロシア宇宙軍の手によってロシア政府のために運用されている衛星測位システムである。

GLONASSの開発は1976年に始められ，全世界を1991年までにサービス範囲に収めることを目標としていた。人工衛星の打ち上げは1982年10月12日から始められ，1996年に24基すべての衛星が運用開始されるまで多数のロケットの打ち上げが行われた。完成後，ロシア経済の崩壊に伴いシステムは急速に能力を失った。

ロシアは2001年からシステムの修復を開始し，近年システムを多角化してインド政府を協力者に迎え，2009年までに全世界をカバーする計画を推進し，2011年に全世界で実用可能となった。GLONASS衛星は，配置が完了した時点では，3つの軌道平面（Orbital plane）上に8個ずつ並べられ，合計24基の衛星から構成され，それらの内の21基が信号を送信する運用状態に置かれ，残る3基が予備として待機状態に置かれることになっている。3つの軌道平面の昇交点は120°ずつずれてい

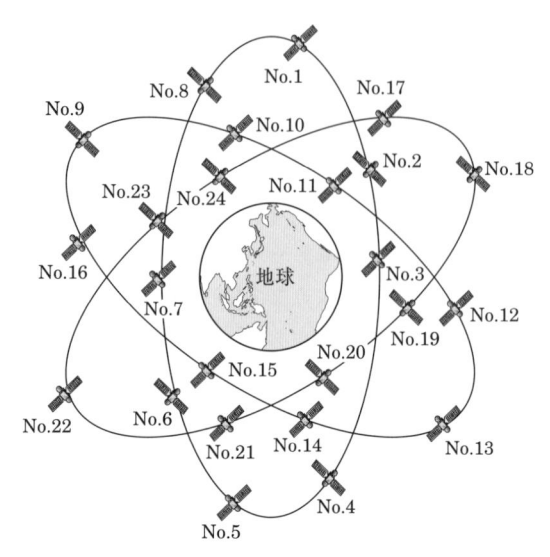

図 2.9　GLONASS 地球測位システム

て，それぞれに 8 つの衛星が等間隔で配置される．軌道はおおよそ円軌道で，軌道傾斜角は赤道面に対して 64.8°であり，19 100 km の高度を 1 周約 11 時間 15 分の公転周期で周回している（図 2.9 参照）．

このほか，欧州の衛星測位システム「ガリレオ」の計画がなされてきたが，数衛星の打ち上げ以降，延期になっている[2-16]．中国の北斗はすでに数機の衛星を軌道に載せ 2012 年一部運用を開始し始めた[2-17]．インドなども衛星測位システムに興味を示している．

レーザスキャナ画像データも単点観測では，一側面からのモデル利用となり目的が限られてくるため，対象物体が複雑になり，広範囲な構造物を対象のデータ収集をするモデリングには，複数の測位点からのデータ収集が日常化してきている．このようなときに，地上用レーザスキャナの調査でも，航空機レーザスキャナの調査のように，機材を設置する複数の測位点を関係付ける必要があり，この測位点の関係付けには，地球測位システム（GPS/GLONASS）との連動が欠かせなくなってきている．

2.3.3　GNSSの活用の方向性

　衛星測位システムの測量用語に全地球衛星測位システム（GNSS：Global Navigation Positioning System）がある。GNSSは初期目的が軍事用であったことから公開制限付きであるため，EUのガリレオ，中国の北斗，日本の準天頂衛星システム（QZSS：Quasi-Zenith Satellite System）[2-18]，インドなどを統括したIRNSSなどのネットワークを介した「総合的な測位システム（NetSurv）」を利用していく動向があり，国単位の測位システムの遮断に対しても十分可動性の高い測位システムの体制が確立してきている。

演習問題

2-1　CCDカメラ2台を用いて前方の諸物体の画像を撮影して，この画像を使って室内の緒物体像を仮想的に実体視したい。この画像を用いて両眼実体視する方法を詳述せよ。

2-2　距離算定するために，初期のレーザ計測時に前方交会法の原理を使用した。このときのCCDカメラの位置とレーザ光源の関係を図示して，詳細に述べよ。

2-3　航空機レーザスキャナと地上用レーザスキャナの用途と相違点を示し，各々の特徴を述べよ。

2-4　地上用レーザスキャナを路面に沿って商店街を計測しモデルを作成したい。各測点に設置したレーザスキャナから収集したレンジ画像データを関連付けるには，方向・距離を考慮して標定点をどのように配置したらよいか。

第3章
レーザスキャナ

　レーザスキャナはレーザ光を使って計測するので，主なレーザの発展の背景について説明し，レーザスキャナ装置とこれを用いて計測する機構について要約する。また，レーザスキャナは非接触の能動式であることから，リモートセンシングの合成開口レーダ SAR と類似した点もあるので，SAR とレーザスキャナの関連性について触れ，レーザスキャナ装置の概要を解説してから，現地調査とデータ収集とレンジ画像処理用ソフトウェアの内容について述べる。

3.1　レーザの概要

　外部からエネルギーを与えると電子がエネルギー準位（energy level）となり，不安定な存在であるため，レーザは1μs以下の短時間に安定したエネルギーを自然放出する。これに伴って他の電子のエネルギーは誘導放出したり，誘導吸収したりする現象を生じる。本来，光の誘導放出は小さいので増幅を行い，光に対するコヒーレントな光とするために共振器を用いる。したがって，レーザには，外部エネルギーを与える装置，レーザを増加させる媒質，そして共振器が必要である[3-1]。

　レーザの発展の過程を要約すると，光電効果を発展させ誘導放射を提唱した理論を基にして，当初，マザー（Maser Microwave）のレーダ性能向上を目的にした電磁波の振動数を下げる研究や，波長が短い Laser の研究が1950年頃から盛んになり，レーザの基礎に関する Schawlow と Townes の論文が1958年に発表され，1960年に Maiman によってルビーレーザが発明された[3-2]。レーザレーダもレーザの発明からすぐにレーザ計測への応用として研究が開始され，マサチュセッツ工科大学の Fiocco と Grams は，1964年にルビーレーザを用いて成層圏エアロゾル層のレーザレーダ（Laser rader）観測に世界で初めて成功した[3-3]。また，He-Ne の気体レーザも開発された。さらに，1970年には，室温半導体レーザの開発を産んだ。

　現在の主なレーザは，材料から次の3種類（固体レーザ，気体レーザ，半導体レー

ザ）に分けることができる。

① 固体レーザは，主に光励起によるもので，適用できる波長帯は，可視～近赤外領域である。また，波長可変なレーザも可能である。
② 気体レーザは，主に放電励起によるもので，紫外から遠赤外までの波長が豊富であるが，レーザ利得が非常に小さいという難点がある。
③ 半導体レーザは，他のレーザに比べて小型，高効率，低消費電力，長寿命と高性能であり，出力の大きいものが開発されてきている。レーザ計測には，この半導体レーザが使われている。ただし，波長の広がりは比較的大きい。

3.1.1　レーザスキャナと合成開口レーダ

　リモートセンシング技術の中で画像化される主要データは，2種類のセンサで収集される。その1つは受動式センサであり，太陽光の地物の反射強度をセンサが受感してデータ化するので，夜間の観測には不向きである。したがって，主に昼中の晴天時に抽出されたデータが多く，これを分類・解析して，その結果を地図上にプロットした海面温度分布，土地被覆分布，時系列の植生の活生度，植生指数（NDVI）分布などの主題図の作成がなされてきている[3-4]。

　もう1つは能動式センサであり，飛行体搭載の合成開口レーダ（SAR：Synthetic Aperture Radar）から照射されるレーダ波の反射強度を飛行体上空で受信してデータ化するもので，ポラリメトリック多次元偏波画像解析やインターフェロメトリック位相解析に用いられている[3-5]。

　マイクロ波使用の能動式SARは，当初軍用航空機用のものであったが，民間機搭載からSAR画像データが一般に入手されるようになり，SAR画像処理も民間企業で取り扱えるようになった。このSAR画像データは，複素数を取り扱う知識が必要なうえに，原データ処理にはデータ配列に一種のカラクリがあって高度の知識を必要とするため，受動式センサからデータ利用の画像処理技術の知識のうえに，能動式センサからデータ利用できる画像処理技術の知識を加味しなければならず，受動式センサデータ技術者と能動式センサデータ技術者では，画像処理技術の次元を少々異にするといえよう。

　わが国の情報通信研究機構（NICT）が保有しているPi-SARが2002年11月6日に茨城県日立市上空で観測し，Pi-SARのX・Lバンドのフルポラリメトリ画像デー

図 3.1 Pi-SAR X(左) と L(右) バンドの HH 偏波画像

タを収集した．シーンのサイズは 4 000×4 000 画素で構成され，この X と L バンドの HH 偏波の振幅値を用いた濃淡画像を図 3.1 に示す[3-6]．

リモートセンシングの画像データを収集する受動式センサの感知波長帯は，X 線から紫外線，可視光線，近赤外線，中間赤外線，遠赤外線までである．

能動式センサの合成開口レーダ（SAR）感知波長帯は，マイクロ波で，mm 波，cm 波（例：SAR の X Band の波長帯は 2.4〜3.75 cm，12.5〜0.8 GHz），m 波と低周波領域である．SAR 画像データからは，偏波特性を用いて，図 3.2 のようなシグネチャの形状で地表のパターンを解析・分類することができる．図 (a) は海水，図 (b) は樹林のライクとクロスのシグネチャ図であり，その形状から海水と樹林は区別できる[3-7]．これらも SAR 画像処理技術でなされたものである．

これに対して，レーザスキャナは能動式であるが，図 3.3 のように可視（緑）から近赤外線（0.5〜2.5 μm 波長帯）からレーザ光が選択されることが多い．

可視光線の波長帯は約 0.4〜0.7 μm 帯で，近赤外線は約 0.7〜2.5 μm で可視光（赤）に近く，可視光線に近い性質を持つので可視光線に似た性質の光としてレーザ以外にも用いられ，赤外線通信，セキュリティ用 CCD カメラの夜間光源などにも応用されている．ただし，眼に見えない電磁波である．

中赤外線は，約 2.5〜4 μm の電磁波で，近赤外線に近い性質を持つ．遠赤外線は，約 4〜1 000 μm の電磁波で，電波に近い性質も持ち，熱を持った物体から放射されているので，これを観測すると温度分布を抽出することができる．

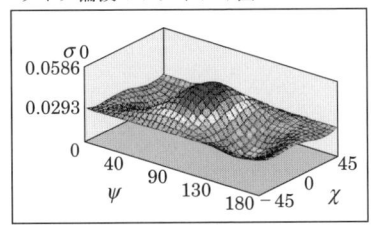

ライク偏波のシグネチャ図　　　　　クロス偏波のシグネチャ図

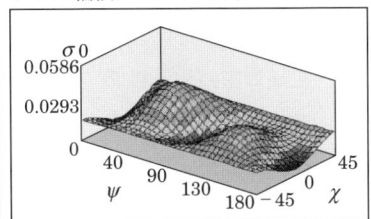

(a) 海　水

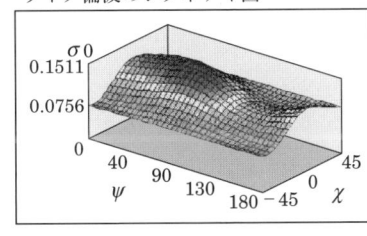

ライク偏波のシグネチャ図　　　　　クロス偏波のシグネチャ図

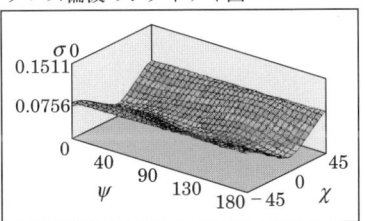

(b) 樹　林

図 3.2 海水と樹林のシグネチャ図

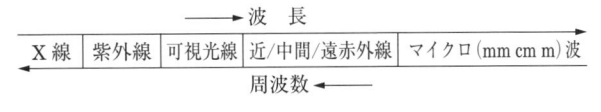

| X線 | 紫外線 | 可視光線 | 近/中間/遠赤外線 | マイクロ (mm cm m) 波 |

⎯⎯→ 波　長
周波数 ←⎯⎯

図 3.3 レーザとSARなどの波長帯

参考までに電波の伝播する速度（位相速度）v は，約 30 万 km/s と一定であるから，次式のように周波数 f〔MHz〕と波長 λ〔m〕は，逆比例の関係にある。

$$v = \lambda \times f \tag{3.1}$$

なお，波長帯の長 $\lambda = 1$ m は，$f = 300$ MHz に相当する。

昨今では，地上用プロファイラ（Profiler）の開発がなされ，高価なものから室内用の低価格のものまで普及し，航空機用も地上用もレーザレンジスキャナとかレーザレンジファインダという用語も使われているが，本書ではレーザスキャナ（Laser Scanner）という用語で統一する。

この地上用プロファイラで収集されたレンジ画像データの利用研究は，Chen, Y.（1992）などによりなされ[3-8]，主に欧米のシュツットガルト大学やスタンフォード大学などでレンジ画像データを使ったモデリングの研究が進展してきた[3-9]。1990

年後半には，人の目に優しいクラス1の装置が生産されるようになり，装飾品，家具，家屋のような小物体はもとより，道路や橋梁などの公共建造物，都市ビル街やその空間，広域地形の地上測量への応用が盛んになってきている。

このレーザスキャナは測量学分野の分類ではノンミラー方式の測距儀の部類になるが，レーザスキャナは高速走査式のため，前方の調査物体に対して格子状にデータをサンプリングでき，調査する波長帯の反射強度のデータを2次元の格子上に収集する際に，同時に各画素単位に3次元位置情報も抽出することができる。このため従来の測量では1点ごとに観測してデータを入力操作して，かつその間にあるオブジェクトに対しての位置は補間法で近似しなければならなかった。

このレーザスキャナは野外において内蔵もしくは外部接続のコンピュータと連動させ，リアルタイムで鉛直方向に高速走査（スキャン）をして，水平方向に装置を回転移動させることで，レンジ画像データを格子状に抽出できる。

このレンジ画像データを用いてレンジ画像を生成して，多くの種類のモデリングの基礎データとして用いられる。このときの画像処理に関係する事項として，レーザスキャナ装置とその性能，現地調査とデータ収集，スキャナ関連器材，レンジ画像処理ソフトウェアなどがあるので，これらについて以下に述べる。

3.1.2 レーザスキャナの計測機構

3Dレーザスキャナは，対象を調査するのに眼に優しいレーザ光線を使用する能動式スキャナである。このタイプのスキャナの中に，1光パルスの往復の飛行の時間（time-of-flight）で距離計測をする。

レーザは一単位の光パルスを放つのに使用され前方物体に到達して，その反射光が光パルスを放った装置側にある探知器によって受け取られる間の短時間を記録する。図3.4のように，レーザ光パルスは到達距離によって広がりがあるため，古来からの点測量とは基本的に異なる。また，同一の微小の水平角（左右方向）と鉛直角（上下方向）でパルスを発光した場合，図3.5のように，前方物体に到達距離の変

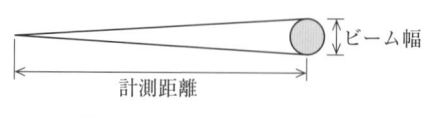

図3.4 レーザ光パルスの広がり

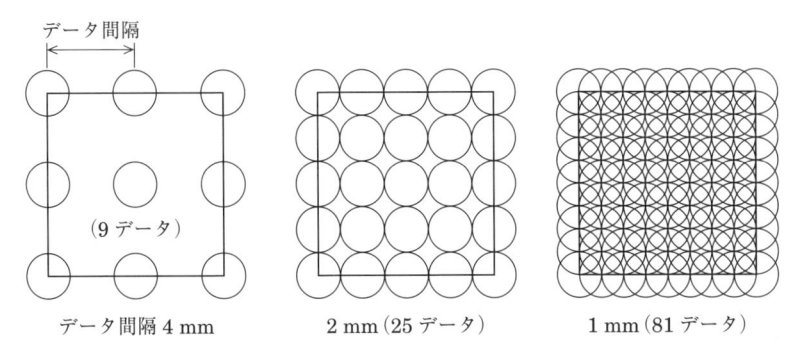

図 3.5　レーザ光パルスの密度によるデータ量の変化

化によって，レーザ光パルスの密度が変わってくる。また，同一距離でも，上下・左右でのパルス間隔を調整することが可能なレーザスキャナでは，レーザ光パルスの密度は変えられる。このとき，一見図 3.5 の中央のような設定が，被写体を覆い被写体を万遍なくデータ収集して良いようにも思われるが，これはビーム幅を拡大することになるために，データの精度を低下させる結果となる。このために，通常計測時にはビーム幅は固定して発信するので，被写体側ではパルス照射の間隔は，被写体までの距離に比例して拡大していく。

レーザ光の速度 c が既知なので，往復の時間 Δt から光の旅行距離が換算できる。これは，光パルスを放った装置と物体表面の間の斜距離の 2 倍となる。往復の時間が Δt の計測には，3D レーザスキャナがどの程度正確に Δt 時間を測定できるかに依存している。約 3.3 ピコセコンドは，光が 1 mm 伝わるから，これを見極める装置の存在が重要である。もしこれが可能であれば，数 m 以上離れた物体の距離は正確に計測できることになる。レーザ光パルスで物体の 1 点の反射率を感知できれば，その後，レーザ光パルスの方向を変えて放射することで，次の物体表面までの距離も求められるし，方向を連続的に変える装置と連動させれば，大きな物体や複雑な形状物体の表面までの距離を細かく連続的に検出することができる。

したがって，レーザスキャナは異なった点をスキャンするために距離計の視点の鉛直方向を変えるような鏡を回転させるシステムで，全体の視野を一度に上下ラインをスキャンし，スキャナ本体を回転移動させることによって，レーザ距離計の視点指示を水平方向に変えることができる。

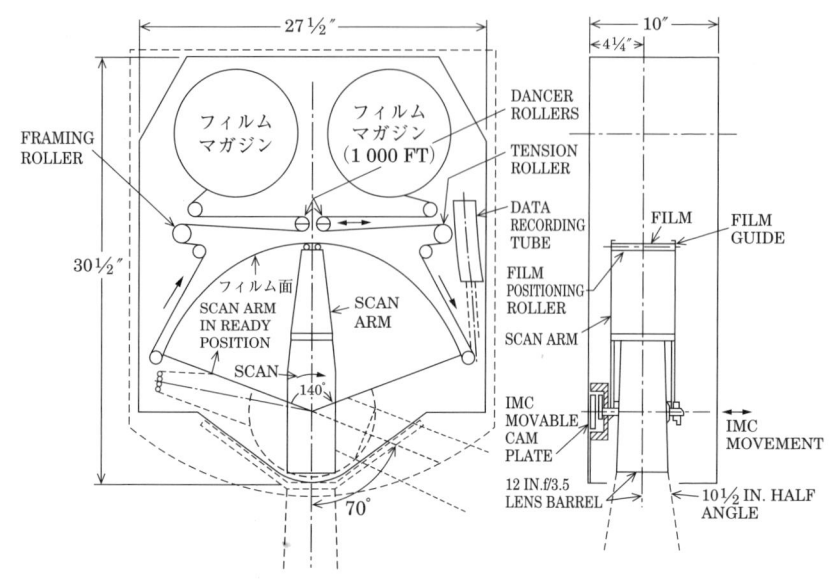

図3.6 パノラマティックカメラのフィルム円形面

　鉛直方向を変えるのに鏡が軽いので一般的に適用され，ラインセンサとしての役目となり，レーザスキャナ装置を水平方向に回転移動することで，格子上のメッシュの「距離データ」と物体からの「反射率」を収集することができる。
　このような典型的な飛行時間3Dレーザスキャナの機構では，毎秒，1万～10万ポイントの距離を測定できることになる[3-10]。
　また，飛翔装置の時間も2次元の構成となるので，これは当初飛行時間カメラと呼ばれ，物体の反射率は，2次元画像としても再生できる。
　この2次元レンジ画像は一般のカメラ像と異なり，線上に見えるものが湾曲するので，ビルの様な矩形物体壁面も歪み曲面となる。この現象を説明するには，写真測量のパノラマティックカメラの原理を紹介すると判りやすい。
　パノラマティックカメラ（図3.6）とは，対物レンズを介した像を等距離の円弧フィルム面で捉え，陰画像となる。このパノラマティックカメラ像とフィルム面が平面の像（一般のカメラ像）の相違を図3.7に示す[3-11]。垂直方向は直線状になるが，水平方向の直線は次第に湾曲していることが図3.8から分かる。
　このために，レンジ画像処理をする技術者は，レーザスキャナで収集されたデー

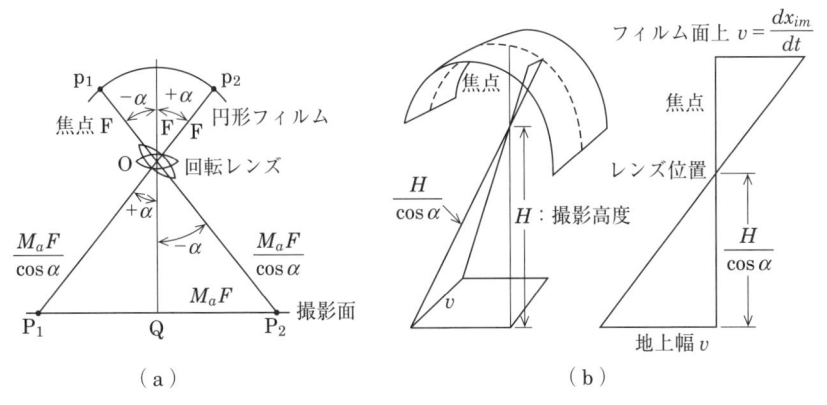

図 3.7　レンズを回転させるパノラマティックカメラの原理

図 3.8　左右が歪んだパノラマティックカメラ像

タを格子配列にして表現したレンジ画像を一般の画像と混在して処理するときは，十分気を付けなければならない点である．

3.2　レーザスキャナ装置

　レーザ光による距離計測は当初強力なレーザ光を用いて前方物体を照射し，その反射強度を受信するタイムオブフライト（time of flyte）機構を採用している．この機構によりレーザ光の往復する間の時間 Δt を割り出すことで，長距離計測を可能にしたが，レーザ光の微弱量での反射率 μ を感知する素子の開発・研究などもあっ

て，今日のような微弱な眼に優しいレーザ光（アイクラス：1）を照射するレーザスキャナ装置を使っても，数mから数kmまでの各点の測距が可能になっている。

従来，測量分野の測距儀は，計測位置に反射ミラーを設置して計測してきたが，レーザスキャナを利用すれば，測長したい前方位置にミラーを設置することもなく諸物体までの距離 d とレーザ光の反射率 μ を計測することができる。

また，測量分野のセオドライト，測距儀，初期のトータルステーションなどでは，点単位の計測であるのに対して，レーザスキャナはレーザ光が照射小領域をもっているために，距離によって，その照射小領域（円形）が拡大することは避けられないが，照射小領域からの反射量を受感して反射率が計測できる。照射小領域の大きさは，1kmで数cm程度であるので点観測の代用として十分な精度で保証される。

また，走査式のため測点を画像格子配列に短時間で計測するのが特徴である。したがって，わずかな反射光を感知することができるため，シーンの接続・融合に用いる標定以外には，標的（ターゲット）を現地で歩き回って設置する必要はなく，危険な場所に立ち入ることなく，可視から近赤外の範囲の波長ビームで多様な対象物の表面を高精度で計測することができる。

距離計測のデータの種類としては，レーザスキャナの設置原点 $o(0,0,0)$，レーザ光照射物体の位置 $p(x,y,z)$ とすると，点 o で観測した被物体 $p(x,y,z)$ に対する水平角 α，鉛直角 β，レーザ光の往復の時間 Δt から図3.9の斜距離 $d=\mathrm{op}$，諸物体の反射率 μ が求められ，これらのデータが記憶・保存される。

式(3.2)の関係を用いて，水平角 α，鉛直角 β，斜距離 d から，被物体 p の三次元座標値の x, y, z にデータ変換することができる。そこで，レーザスキャナは走査する格子（メッシュ）上の各諸物体の3次元座標値が求められる。

これ以外に，RBG画像を別途抽出するセンサが内蔵されている機種も多く，仮に

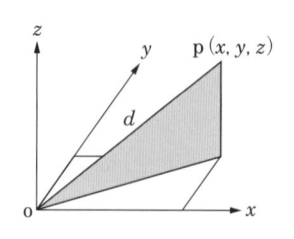

図3.9 レーザ光源と物体の距離

外付の CCD カメラでも，レンジ画像データ抽出と同時にナチュラルカラー画像データの RGB 値も抽出できる．

$$\begin{aligned} &d = c \cdot \Delta t/2, \qquad x = d \cdot \cos\alpha \sin\beta, \\ &y = d \cdot \sin\alpha \sin\beta, \; z = d \cdot \cos\beta, \\ &c = (\varepsilon_0 \cdot \mu_0)^{-0.5} : 光速 \; (299{,}792{,}458 \text{ m/s}) \end{aligned} \tag{3.2}$$

このために，レーザスキャナの収集データの種類には，Δt，α，β，d（または x，y，z），μ，R，G，B の要素があり，7 次元解析が可能となる．

レーザ光の 1 パルスの往復で，op＝d の距離が光の速度で求められたので，レーザ光の $i=1$ パルスを送信する前に設置してある反射ミラーを上下方向に微小量移動させて，次の $i=2$ パルス目を送信すれば，被写体 p_{11} の下方の位置 p_{12} の距離と反射率 μ_{12} が求められる．これを繰り返して，n パルスを送信すれば，図 3.10 の縦方向の $j=1$ ラインのスキャン操作が終わり，p_{11}〜p_{n1} のデータ収集ができる．

レーザスキャナによる $i=2$ ライン目のデータ収集には，送信用反射ミラーを微小水平方向に回転移動させてから，パルスを送信すればよいので，これはレーザスキャナ装置を水平方向 j に回転移動させれば，ライン操作を繰り返すことで，$j=2$ ライン目のデータ p_{12}〜p_{n2} のデータ収集ができる．したがって，反射ミラーを上下方向の移動回数 $I=m$，レーザスキャナ装置の移動回数 $j=m$ とすると，図 3.10 の格子上に走査データを得ることができる．この 2 次元メッシュ (i, j) に，レーザ光のパルスの反射率 μ_{11}〜μ_{nm} を画像濃度レベルで表せば，レーザ光の波長帯の濃淡画像が表示できる．この μ_{11}〜μ_{nm} に関連した距離データ d_{ij} を各画素に対応して関係付けたのがレンジ画像である．既に例示した図 1.6 の濃淡レンジ画像は，波長帯 1.0 μm の赤外画像であり，外見は反射率 μ の 2 次元濃淡画像であるが，各画素には，

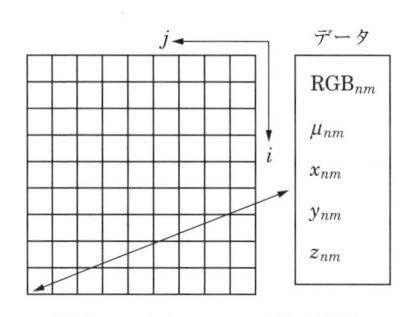

図 3.10 走査データの画像配列化

x, y, z の値を保有している。

また，メッシュ配列 (i, j) ではなく，ユークリッド仮想空間 (x', y', z') に，p_{11}〜p_{nm} のデータ x, y, z を変換させて，各点の反射率 μ を点群データとすれば，3次元仮想空間に点群データが表示できる。

このレーザスキャナの特徴として次の項目に要約できる。
- 面的な高密度計測が可能である。
- 高速で短時間計測である。
- 人の立ち入りが困難な現場での計測が可能である。
- デジタルデータとして記録・永久保存でき，加工が容易である。

このようなデータを収集できるレーザスキャナには，近距離計測の室内用と数 km まで計測の遠距離用に分類することができる。室内の 1 m 以下の小物体測定用簡易レーザスキャナ（ファインダ）は，ここでは除外し，数 m 以上の物体や地形の計測に使われるレーザスキャナとその性能を 3.3 節で紹介する。

3.3 レーザスキャナの性能

3次元レーザスキャナは，パルスレーザを用いて自動的にスキャニングするので，内臓システムやパーソナルコンピュータからの操作で制御され，構造物等の測定対象物を規則的にスキャンして多次元の点群データとして取り込める。

内蔵もしくは外装のコンピュータには，予めレーザスキャナの制御システムがインストールされている。装置の使用に際しては，製造メーカの指定ソフトウェアの起動手順の操作方法を熟知しておく必要がある。

レーザスキャナのオペレータは，計測したい対象範囲の点群の水平方向の密度と鉛直方向の密度（例えば，444×444）を指定する。また，窓ガラス越しの物体も計測の対象にするときには，窓ガラスの反射率は高く（High），窓ガラス越しの物体の反射率は低い（Low）ので，これらの性能設定も可能なので，いずれかを設定する。レーザスキャナ装置の制御内容の概略を示すと次のようになる。

3.3.1 データ収集スキャニングモード

スキャニングをするには，単走査モードでデータ収集する機能とこれを繰り返し

て，画像を生成できるようにするモードがある．

　後者の画像スキャニングをするには，シングルモードと連続モードがあり，1フレーム（単一画像）分でスキャンを終了する場合と複数のフレーム（複数の画像）を連続してスキャニングするモードがある．例えば，静的物体はシングルモード，動的物体には連続モードを用途に応じて選択できる．

3.3.2　適正データ用フィルタリング

　距離，受光強度および三次元座標系に基づいた各種のフィルタがある[3-12]．
① レンジゲート（Range Gate）：この距離フィルタは，収集された距離データの中から不要なデータを減らす目的に使われる．
② 受光強度ゲート（Intensity Gate）：受光強度フィルタは，収集された受光強度データの中から不要なデータを減らす目的に使われる．
③ 立体フィルタ（Cube Filter）：立体内にある測定が表示され，データ変換をする前に，不要データを減らす目的に使われる．
④ 面フィルタ（Plane Filter）：面内にある測定が表示され，データ変換をする前に不要データを減らす目的に使われる．
⑤ 選択窓フィルタ（Selection Filter）：選択窓はデータをオープンする前に定義し，データ変換をする前に不要データを減らす目的に使われる．
⑥ フェンスフィルタ（Fence Filter）：画像内にフェンスを描くために，頂点のリストを表示したり編集したりして定義する．

3.3.3　収集データの保存

　センサ位置と方位を定義してから，走査収集の生データをデカルト3次元座標系上にしてから拡張子を付けてデータ登録（保存）する．この拡張子は，各メーカの利権を保つこともあって，特有の拡張子が使用されるのが通常である．例えば，オーストリアのRiegl社は，3DDの拡張子を使用している．

　方位の設定としては，縦方向スキャン装置の場合，スキャン方向をz軸，これに直行した水平方向をx軸，レーザ光照射方向をy軸として定義する．仮に，横方向スキャン装置の場合でもx，y，z軸の方向はデカルト3次元座標系と同一になるように選択される．

3.3.4 レーザ光線強度のアイクラス

レーザやレーザ光を屋外に発射するとき安全対策が不可欠である。そこで，レーザ安全を規定する規格がある。

レーザの安全性については，労働基準法その他でも安全に関して規定がなされているが，その基礎になっているのが「日本工業規格（JIS）」である。

具体的には，その中のC6802に規定されている。また，用語に関してはJIS C 6801で規定している。このJIS C 6802は，国際規格であるIEC60825-1を翻訳したものであり，各研究所で行われた安全確認試験に基づいた「世界共通の安全基準」でもあり，この規格に準拠している限りは「レーザ光を安全に使用できる」といえる。レーザ光を取り扱う大学，研究所や企業では，学生や社員の安全面からも，この規格を参照されることを推奨している[3-13]。

また，レーザ機器から発生するレーザ光線の波長，放出持続時間により人体に与える影響の程度を表す等級に「レーザ機器のアイクラス」がある。計測範囲に人物が横行するときには，クラス3A以上のレーザ機器を使用する際は，そのクラスにあった防護措置を着用する必要がある。

アイクラスは，次の表3.1のように5段階に区分されている。

表3.1 レーザ機器のアイクラス

アイクラス	クラスの説明
クラス1	人体に影響を与えない低出力のクラス。どのような条件下でも最大許容露光量（MPE）を超えることがない。
クラス2	可視光（波長400～700 nm）で，眼のまばたきにより眼が保護される程度の出力以下のクラス（おおむね1 mW以下）。
クラス3A	双眼鏡などの光学的手段でビーム内観察をすることは危険で，放出レベルがクラス2の出力の5倍以下のクラス（5 mW以下）。
クラス3B	直接または鏡面反射によるレーザ光線の被爆により，眼の障害を生じる可能性があるが，拡散反射によるレーザ光線に被爆しても眼の障害を生じる可能性のない出力のもの（約0.5 W以下）。
クラス4	拡散反射によるレーザ光線の被爆でも眼に障害を与える可能性のある出力（約0.5 W以上）のクラス。皮膚障害や火災の危険性がある。

3.3.5 レーザスキャナの仕様

主な地上型レーザスキャナ（TLS）のメーカには，欧米加のものが多い。

最初の 1997 年頃に公開された Callidus CP3200，その後，Optech ILRIS-3D，Riegl Z210 などの製品が生産され，3rdTech，Basic Software，Faro Europe，Trimble，I-Site，Leica Geosystems，Zoller + Fröhlich GmbH に加え，Measurement Deices，Mensi，Cyra Technologies，Visi Image，パルステック，ニコンなどが TLS 製品を発表した。

各メーカの TLS の計測対象やその応用分野になるものには，考古学的な認定を受けた美術品，世界遺産に登録されている諸物体，旧跡後の形状，発電所，変電所，石油タンク，船舶，航空機・自動車などのオブジェクト，建設，土木，建築技術による道路，橋梁，トンネル，港湾施設，鉄塔，電線，電柱，都市ビル，教育施設，官庁施設，街路，マンション，アパート，家屋，自然の風景を含んだ地形などのカテゴリがある。

TLS の重要な特徴としては，アイクラスや最大測定距離を掲げることができ，短距離用（100 m 未満），中距離用（1 km 未満）遠距離用（1 km 以上）に大分類できる。また，距離計測にとって重要な要素に，誤差と精度があるが，新製品は，いずれも高精度用のためにパルス幅が小さくなっていて，これによる分類は必要ないようである。

レーザスキャナの主なメーカとしては，Leica 社[3-14]，Optech 社[3-15]，Maptek

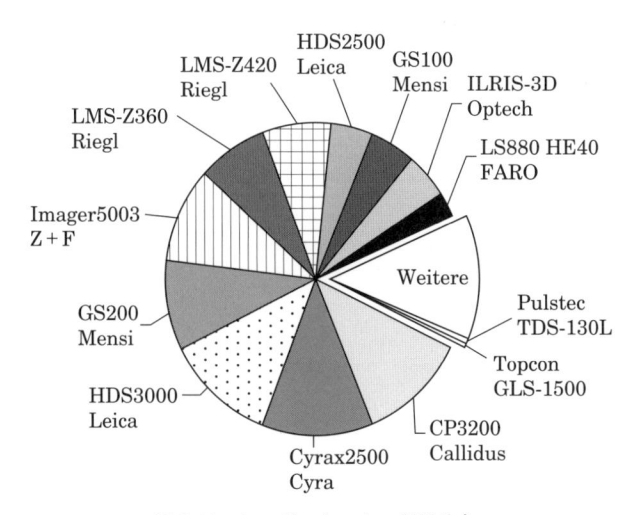

図 3.11 レーザスキャナの利用分布

社[3-16]，Riegl 社[3-17]，Pulstec 社[3-18]，Trimble 社[3-19]，Faro 社[3-20]，Z＋F（Zoller＋Fröhlich）IMAGER 社[3-21]，Mensi 社[3-22]，Topcon 社[3-23]，などがあり，各社の地上型レーザスキャナの測定距離は，数 m から数 km であり，図 3.11 は，これらの利用分布を示している。製品番号の数字が測長距離に関係しているものがあり，cm 単位や m 単位を表しているものも多い。その誤差：e は，$e=\pm 1〜25$ mm 程度と高性能である。また，走査角度は，鉛直方向に $\beta=40〜80°$，水平方向に，$\alpha=40〜360°$ の範囲のものが多い。レーザ光の波長は，可視から近赤外光線が使われている[3-24]。これらの中で長距離用（表 3.2）と短・中距離用（表 3.3）の主なレーザスキャナ装置の仕様を表にまとめた。

表 3.2 長測距用（1 km 以上）のレーザスキャナの仕様

メーカ	Leica	Optech	Maptek	Riegl
形　式	HDS8800	ILRS-LR	I-Site8810	VZ6000
測定範囲〔m〕	2.5〜2 000	3〜3 000	2.5〜2 000	5〜6 000
誤差〔mm〕	±2.5〜	±2〜	±3, 4	±15
走査角〔°〕	80×360	40×40	80×360	60×360
波　長〔μm〕	Inf (1.5)	Inf (1.064)	Near IR	Inf (1.0)
アイクラス	1	3	IP-65	1
電源〔V〕	24, 100〜240	75		11〜32
重量〔kg〕	12, 14	14	14	14.5
寸法〔cm³〕	46×25×38	32×32×24	44×26×38	45×24×23

表 3.3 短・中測距用（1 km 以下）のレーザスキャナの仕様

メーカ	Pulstec	Trimble	Faro	Z+F	Mensi	Topcon
形　式	TDS-130L	Trimble CX	Focus 3D	IMAGER5010	GS200	GLS-1500
測定範〔m〕	3〜9.5	1〜80	1.5〜120	0.4〜180	1〜350	2〜500
誤差〔mm〕	±1.7〜	±1.5〜	±4	±1	±10	±4
走査角〔°〕	140×90	300×360	40	310×360	80	35×360
波長〔μm〕	Red (0.685)	Red (0.66)	Inf (0.905)	可視	Gr (0.532)	Inf (0.905)
アイクラス	3A	3R	2	3R	2 (FDA)	1
電源〔V〕	100	75〜	100	24, 〜260	24, 〜240	12
重量〔kg〕	12	13	5	14	13.6	16
寸法〔cm³〕	64×26×17	32×32×24	24×20×10	29×19×37	38×42×28	24×24×57

3.4 現地調査とデータ収集

3.4.1 現地調査

　レンジ画像データを収集するには，室内の被写体周辺の障害物の位置を調べたり，野外での地形データを収集するには，地形の傾斜がどの程度あるかどうかを事前に現地調査をする必要がある．被写体全体をモデル化する必要があるときには被写体を囲むように，その周囲に適度の間隔にレーザスキャナ装置を設置する位置を決めることができるよう調査を行う．数箇所の仮設点位置から被写体を観測するには，データ収集エリアのサイドが十分オーバラップすることが重要な判断基準となる．このときに障害物が何箇所か点在しているときは，障害物の除去の可能性も考慮した作業計画を立てるようになる．障害物の除去不可能な場合には，オクルージョン（隠蔽）を少なくするように，レーザスキャナの設置点（観測点）をどの位置に増設すべきかを現地で検討する．仮設点には簡易杭やマーキングをしておく方が良く，それが困難な事情があるときには，現地の図面や地図上にプロットし，その位置からCCDカメラ撮影をしておいたほうが無難である．CCDカメラ像のプリント写真は，データ収集時のレーザスキャナ装置を設置する観測点 p_i（$i=1\sim n$）の決定をするのに役立つからである．

　また，地形測量などでは地域の座標系と関係付けるときに備えて，付近の水準点，三角点の位置を把握し，工事区や敷地内の基準点杭の位置も調査して関連の図面を入手しておくことは常識的な事項の範疇である．

　観測オブジェクトが孤立木や孤立像のような障害物が比較的に少ない被写体でも，最低3測点の観測点：p_i（$i=1\sim 3$）を必要とすることから，現地調査においてのすべての仮測点の位置を現地地図にプロットしておくべきである．

　現地調査によるCCD画像撮影や現地収集地図・図面をオフィスに持ち帰り，新しい大縮尺の地図を準備してから収集資料を参考に検討して，レーザスキャナの仮設置点 p_i を再度正確に定め，撮影範囲の水平夾角と最大距離を予測して，三角形の撮影範囲を定める．仮設置点 p_i の隣接部分はオーバラップ率が十分かを確かめてから，オーバラップエリアをハッチングしておく．このハッチングエリアが，画像処理における点群データの融合処理部分となるため，この部分をCCD画像などで

詳細に観察して標定点の配置位置（内業業務）を仮設定する．

3.4.2 データ収集

この内業業務の良し悪しが，以後の画像処理業務をスムーズにできるかどうかを左右するので，この内業業務には画像処理・解析できる人材の参加が好ましい．

データ収集当日，観測点 p_i を決定してから，観測点 p_1 にレーザスキャナ装置用の三脚を設置し測量用整準台を装着させて，レーザスキャナ装置を装着させても水平になるように整準台の円形気泡管で整準する．それからレーザスキャナ装置を装着させ，再度円形気泡管が中央にくるように（水平に）整準ネジで微調整する．

次に，レーザスキャナの装置によって以下の操作は多小異なるが，主要な準備としては，レーザスキャナ本体に（ケーブルを接続）電源を通電してレーザスキャナの稼動テストを行う．

稼動確認後，データ収集用の制御オペレーションをする．本体にタッチパネルが付帯している場合は，これを操作する手順に従えば良いが，タッチパネルが付帯してない旧レーザスキャナ装置では，本体にノートパソコンの制御用ケーブルとデータ転送用ケーブルを接続する．そして，レーザスキャナ装置にノートパソコン，携帯用の発電機等の相互の接続をしてから点検確認後 OS を立ち上げる．次に，データ収集の基本ソフトを立ち上げ，標準タイプの画素数の設定事項をしてからデータ収集可能状態とする．

予め計画された点群の水平方向と鉛直方向のスキャン密度（例えば，444×444）が適当かどうかを確認し，異なっているときは計画のスキャン密度を指定する．

そして，観測点 p_1 でのレンジ画像データ収集のテストを行う．レンジ画像を即座に表示させ，被写体全体が中央に入らないときや，画像左右の位置に加不足のあるときは，整準台ごと本体を回転して調整をする．また，被写体全体が入りきらないようなときは，観測点を少々移動する．

被写体が取得画像の範囲に収まった時点で標定点を5か所程度配置して計測準備が終了したら，テストデータの収集を開始する．この後，テストデータを現地で画像化して，撮影範囲の妥当性とレンジ画像上での標定点の位置を確認して問題がなければ，正規のデータ収集をする．レーザスキャナ装置を次の観測点に移動し，各観測点で同様なことを繰り返し，順次すべてのレンジ画像データ：$Date_i (i=1 \sim n)$

の収集を完了する。

3.4.3 記帳

　データ収集を開始するときには，データ保存管理用の記帳がつきものである。データ収集する前に，観測点番号や標定点の配置番号のつけかたのルールを決めておく必要があり，現場責任者は，記帳者によく理解をしてもらうと記号のミスなどが少なくなる。データ保存管理用の記帳の項目としては，次のような事項がある。

① 収集年月日，観測点，データ番号
② 被写体名，特徴，所在地名
③ 所在位置：GPS世界座標の緯度経度，標高
④ データ取得機関・収集責任者・記録責任者
⑤ 被写体の現地のハンドCCDカメラでの撮影（RGB画像）

この記帳例を表3.4に示しておく。

　収集データは，レーザスキャナ装置に装着したメモリーカード（メモリースティック）に保管されるか，パソコン側のDISK（種々のメモリー）などに保存する。

表3.4　レンジ画像データデータ収集の記帳

年月日	データ番号	被写体名	所在地	観測位置	座標値	責任者	備考

3.5　データ収集関連ハードウェア（器材）

　レーザスキャナ装置を野外で設置してデータ収集するケースが多いので，レーザスキャナにPCを接続する場合に準備したほうが良いハードウェア（器材）とこれに関する携帯品を列記しておく。

① 三脚，三脚台（整準台）
② 充電器，電源ケーブル，パラレルとシリアルケーブル，その他のケーブル

③ AC と DC アダプタ，PC パーソナルコンピュータ，バッテリ，ヒューズ
④ 小型発電機，コネクタ，テスター，ケーブルドラム，ガソリンタンク
⑤ 標定用反射ミラー（シート），両面テープ，ガムテープ，ビニールテープ
⑥ 運搬用具，照明器具，日除け傘，耐雨装備，ヘルメット，手袋
⑦ 水準器，巻尺，ドライバ，ペンチ
⑧ CCD カメラ，ビデオカメラ，双眼鏡，携帯 GPS，通信用無線機，携帯電話
⑨ 地図，現地資料，記帳筆記用具など

3.6 データ収集用ソフトウェア

　諸物体に対してレーザスキャナ装置からレーザパレス光を照射して収集される物体反射率 μ と装置と物体間の射距離 d，これに付帯した光パレス方向の水平角 α と鉛直角 β のデータ，その時刻 t が，レンジ画像処理をする基礎データである．画像処理をより優位にさせる意図からも可視の RGB データの収集や GPS 測位データも同時に行われることが多い．

　ここで，レーザスキャナの製造側からすると，各メーカの特徴や特許などを保持していくためにもメーカ特有のデータ列を企画して，レーザスキャナから収集されるデータ列を保存しているので，このデータ列は一般に公開していないのが現状である．このためにレーザスキャナ製造メーカとタイアップしたソフトウェアメーカが開発するデータ収集用 3D ソフトウェアを入手することが，レンジ画像処理をする近道である[3-25]．これは収集データの条件が熟知できることにほかならないし，収集データのデータ変換機能を備えたソフトウェアが多いからである（図 3.12 参照）．

　しかし，既存 3D ソフトウェアに頼った場合，ソフトウェアを操作するオペレータは育成できても，既存 3D ソフトウェアから派生したレンジ画像処理や解析が必要になってくるために，その案件ごとに既存 3D ソフトウェア開発元に依頼し発注しなければならないことになる．レンジ画像処理は未整理の部分が多いことから，専門分野ごとに画像処理の対象と目的が異なっていて専門的になっているために，レンジ画像処理のできる技術者の視野が特化され，かつその数も極めて少ないし，その管理者も限定されてくる．

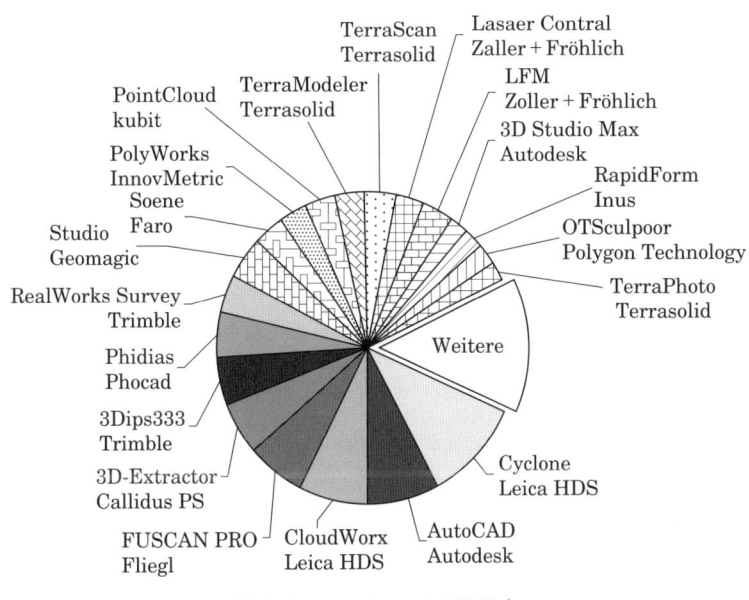

図3.12 メーカソフト利用分布

このための対策としては，これまでに蓄積してきた画像処理ソフトウェア（第1章）との関連性をいかに維持しながらレンジ画像処理技術の構築を可能にしていくかということになろう．このような意味で，データ収集用ソフトウェアには，視覚的にデータ解読できるASCIIデータファイルや汎用性のあるCADなどのDXFやvtkデータファイルに変換できる機能を備えることが優位となろう．

3.7 座標系変換ソフトウェア

点群データの座標系をXYZの世界座標系にするか，コンピュータ内のxyz座標系にするかは，点群データからのモデルの用途によって変わってくるので，予め座標系を決め，どの時点で統合するかを考慮しておく必要がある．

XYZの世界座標系への統一は，GPS観測データを併用するが，詳細なモデリングを始めから世界座標系に変換したほうが良いのか，モデリング処理後にしたほうが良いのかは，モデルの種類や利用によって変わってくるので，xyz座標系とXYZ世界座標系の併用時期を十分検討してから座標系変換ソフトウェアを適用すべきで

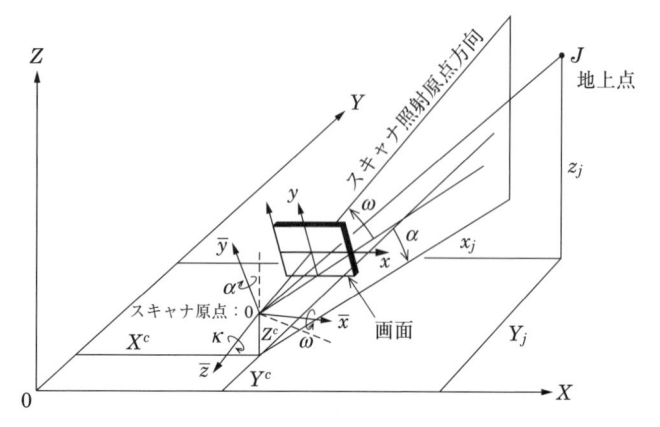

図 3.13 世界座標系 (X, Y, Z) と点群データの座標系 $(\bar{x}, \bar{y}, \bar{z})$

あろう（図 3.13 参照）。

演習問題

3-1 レーザスキャナとパノラマチックカメラの共通点について説明せよ。

3-2 レンジ画像の各画素には，どのような種類のデータが保存されているのかを述べよ。

3-3 レーザ光線のアイクラスの強度について説明せよ。

3-4 レーザスキャナによるデータ収集のための野帳には，どのような記号化や項目が必要かを具体的に示せ。

3-5 レーザスキャナによるデータ収集のための現地調査の概要をまとめよ。

第4章
レンジ画像処理の基礎論

　レンジ画像処理の実用面からの基礎的な項目を要約すると次にようになる。

a. スキャンデータの初期チェック

　データファイルのプロパティを開き，所管や容量が所定の単位（通常：M byte）であるかを確認する。スキャナに内蔵されたカメラでデジタル画像が取り込まれている場合には，これらのデータファイルの属性，容量，所管もチェックする。

　データファイルの属性については，レンジ画像データファイルの属性を調べ，原データの変換処理などをする。3Dデータフォーマット変換時に，ユークリッド幾何座標変換の処理も含まれる。

b. 3D ビュア（Viewer）による 3D データの可視化

　既存 3D ビュアを用いて 3D データの表示をすることによってシーン全体の概要把握を可能にする。仮に，手元に 3D ビュアがないときは，フリー 3D ビュアをインストールして補う。例えば，CARRARA STUDIO 2 VRML：2，Shade 6 advance VRML：2，六角大王 Super 4 VRML：2，DXF などがある。

　点群データの表示が可能になれば，後にフィッティングアルゴリズムを使用し，シリンダー，球，パッチなどを正確にはめ込み，モデル要素の挿入準備をする。

　フィッティングアルゴリズムを包含しているサンプルとして，Para View の画面を紹介する。

c. 点群（point cloud）データのメッシュ化

　点群データのメッシュ化は，通常三角メッシュ化を行う。ここで点群データの視覚表示をして検証する。また，不要データの除去処理が伴う。

d. 点群データの座標値の表示・処理

　点群データの各座標値の表示と座標データ取得，線分の距離算出，平面算出，体積計算などの統計処理，断面図の表示などの基礎的事項を処理可能にする。

e. 領域分割

　ディメンションの処理機能を用いて，ビルなどの内・外の平面分割をして認識処

理などをする.

f. メッシュ融合（mesh fusion）

複数のメッシュの融合処理によりモデルの全体像を作り上げる．融合用ターゲットを用いるとより迅速に処理可能となる．

g. 等高線や土量計算

地形の表面の傾斜を分かりやすくするのに等高線（contour line）を描画し，メッシュ内のボリューム，表面積などを算出する.

h. モデルの作成

モデルの移動・衝突などの解析処理をしたり，CAD用の画像処理をして，必要時には3Dプリンタを用いて小型モデルの製作を行う．

4.1 点群データの座標変換と可視化

コンピュータ・グラフィックスの分野では，データから画像処理プログラムを介して画像の画素を得る過程にレンダリング（rendering）という用語を用いている．ここでは，点群原データから可視画像化に至る基礎手順を述べる．

レーザスキャナにより収集された原データ列では，バイナリーデータのため，これを距離画素単位に3D座標データ変換する．

距離計測のデータの種類としては，第3章の式(3.1)で示したように，レーザ光照射諸物体の位置を $p_i(x, y, z)$ （$i=1 \sim m \times n$）とすると，被物体 $p_i(x, y, z)$ に対する水平角 α_i，鉛直角 β_i，レーザ光の往復の時間 Δt_i，斜距離 d から求められる．これからレーザスキャナの設置原点 $p_0(x, y, z)$ からの被物体までの座標の x，y，z 値を算出し，レーザ光反射強度 μ，3原色のR，G，B値と対応させて，画素要素の格子配列 $m \times n$ の必要な値を算出する[4-1]．

また，レーザスキャナの設置点がGPS装置で求められ，これを利用する必要のある時には，被物体 $p(x, y, z)$ は，世界座標系 $p(X, Y, Z)$ に変換してから使用することもできる．これは測量分野で使用されるケースが多い．

次に，レンジ画像データをファイル化してその属性を決定して，画素要素の配列の変換処理をしてレンダリング処理をし，3Dビューで全体像を把握できるようにする．可視化には，2次元画像化と3次元の点群表示化がある．

前者は，点群データを格子状に配列し，各画素に対して，レーザ光反射強度 μ, 3 原色の R, G, B 値，距離の遠近をカラー化した疑似カラー値のいずれか一つを選択して可視化する。一方，後者は，コンピュータ上の 3D 仮想空間における点群の配置状況を把握するなどの目的で，3D ビューで可視化して，任意の視点から観測できるようにする。レンジ画像の全体像が把握できた後は，レンジ画像データを処理するうえで適切な複数の拡張子に変換する処理をする。一般的には，ASCII のテキストデータや CAD 用の DXF や VTK がよく使われて 3D ビューも多く開発されている。これらの 3D データの拡張子については，第 5 章で述べる。

4.1.1　2次元画像の可視化

レーザスキャナ設置位置から収集された走査データを $m \times n$ の格子配列上に，距離の近いものから赤，黄，緑，青，などの順にカラー化をして，この疑似カラー値を施した 2 次元画像を作成することができる。事例として，偕楽園（H050904-07）の疑似カラー画像を図 4.1 に示す。

このレンジ画像表示のソフトウェアをさらに発展させるに際しては，機能を充実改良して，平面図，立面図，側面図を常時表示可能にしたり，表示ウィンドウのサイドにメニューをデザインしてアイコン化しておいたり，CAD システムと連携させるためのデータ変換ツールを付加したアルゴリズム開発が継承される。さらに，AutoCAD や Microstation などに関連付ける機能を付加しておくと便利である。

図 4.1　疑似カラー距離画像

4.1.2　3次元可視画像化

点群データファイルを VRML で表示すると，マウスの移動によって任意の視点からの点群データを観察することができる[4-2]。事例として，偕楽園の点群データを VRML で表示した鳥瞰図を図 4.2 に示す。この VRML のデータは Web 付録-6 にある。

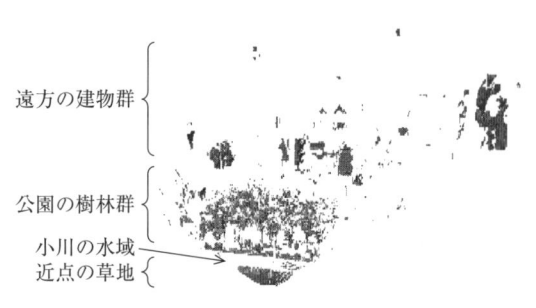

遠方の建物群
公園の樹林群
小川の水域
近点の草地

図 4.2　点群 3D データ

4.2　ノイズ除去

4.2.1　ラインノイズ除去

レーザスキャナで収集した点群データをレンジ画像表示したときに，図 4.3（a）のような走査ラインノイズを含むことがある。データ収集時に発見できれば，デー

（a）縦走査の縦ラインノイズ　　　　　（b）縦ラインノイズ除去

図 4.3　疑似カラー距離画像（口絵 4 参照）

タを再収集できるが,既存データベースの点群データを利用するときなどでは解析前に発見されることも多い。そこで,ラインノイズが1ラインのときは,左右ラインのデータを用いて平均化して,ラインノイズ除去を行う。図4.3 (b) は,ラインノイズ除去フィルタを掛けた結果である。このラインノイズ除去フィルタは,レーザ光の反射率,RGBデータ,3次元点群データにも同時に適用しなければならない。

4.2.2 レンジ画像のノイズ除去
1) 濃淡近赤外画像のノイズ除去

画像に斑点状のノイズ(パルス性雑音という)が乗ったものの例を説明用に図4.4に示す。このようなノイズを取り除くために,フィルタリングと呼ばれる処理が行われる。これは電気回路のフィルタと考え方が似ており,パルス性の雑音を滑らかな信号に加わった高調波成分とすれば,低域通過フィルタ(ローパスフィルタ)を通して雑音成分を取り除くことと同じと考えられる。

濃淡画像においてローパスフィルタの役割を果たすものにはいくつかの方法が存在するが,第1章で述べた簡単なアルゴリズムの説明の中の平均値フィルタとメディアンフィルタの適用例を示す。

a. 平均値フィルタ

第1章の図1.19のオペレータ$3×3$に対する$3×3$の画素値$x_0 \sim x_9$に具体的な数値を与えてみる。$3×3$画素の画素値を用いて平均値を算出し,その値を中心画素の画素値として置き換える。

(a) オリジナル画像　　　　　(b) ノイズが加わった画像

図4.4　ノイズが含まれた画像の例

$$x_4 = 125,\ x_3 = 128,\ x_2 = 127$$
$$x_5 = 124,\ x_0 = 36,\ x_1 = 126$$
$$x_6 = 122,\ x_7 = 123,\ x_8 = 125$$

図 4.5 ノイズを含む 3×3 画素

図 4.5 の中央値：36 のところが周辺より値が低くノイズと考えることができる。これを周辺の画素値の平均値に置き換える。

$$f(x,y) = \frac{1}{9}(125+128+127+124+36+126+122+123+125)$$

$$= 115.11 \fallingdotseq 115$$

この計算結果から，画素値は 36 に比べれば周辺画素に近い値となり，ノイズの軽減ができることが分かる。これを全ての画素に適用する処理フィルタが平均値フィルタである。

b. メディアンフィルタ

基本的な考え方は平均値フィルタと似ているが，中心画素の画素値を平均値で置き換えるのではなく，中央値（メディアン）で置き換えるものである。図 4.5 の場合，中心画素の周囲 3×3 画素の画素値を小さい順に並べてみると次のようになる。

36　122　123　124　125　125　126　127　128

この並びの中央値は 9 つある数字の 5 番目となるので，125 となる。つまり，中心画素の画素値を 125 に置き換えることになる。この例からもわかるように，メディアンフィルタは平均値フィルタよりも適応性が高い。

2）レンジ画像へのノイズ除去フィルタの適用

レンジ画像に対しても同様の処理を適用することができる。この場合，x 座標，y 座標，z 座標のそれぞれに対してフィルタをかけることになる。ただし，一般的な画像の場合には画素値が 1 つの値で 0〜255 程度の範囲の値であるが，レンジ画像では x，y，z の 3 種類の値を持ち，その値が比較的広い範囲の値をとるため平均値フィルタではノイズがうまく除去できない場合もある。

図 4.3 (b) はラインノイズを除去しているが，これ以外にもノイズがある。たとえば，画像上部の所々に赤い点が見られるが，本来であればここは反射体が無い領域である。そこで，ノイズ除去フィルタ処理を施した結果を図 4.6 に示す。図 (a) は平均値フィルタ処理を施したもの，図 (b) はメディアンフィルタ処理を施した処

(a) 平均値フィルタの適用　　　　(b) メディアンフィルタの適用

図4.6　ノイズを含むレンジ画像にフィルタ処理を施した結果（口絵5参照）

理結果である。平均値フィルタではノイズの周辺の画素も同色になり，ノイズの範囲が拡大されたようになっている。メディアンフィルタでは，ノイズが除去されていることが確認できるが，画像の鮮鋭さが失われている。

4.3　定形物体計測

不定形のため計測しても実長を確かめることが困難なために，基準点を配置して標定する方法がとられる。しかし，この方法は現地調査の手数を要し，レンジ画像のみから測定値の信頼性を評価したい。そこで，標定点を配置しなくても不定形オブジェクトの計測評価をできるように，定形オブジェクトの計測を試みる。定形オブジェクトについては予め現地調査で実測もしくは設計図面より測長 l_{mj} を求め，最確値とし，レーザスキャン計測をした値の評価基準にする。

定形オブジェクトはJR日立駅前のシビックセンターの建造物群を対象として，6地点よりレンジ画像を収集し，取り込まれるデータからレンジ画像を作成し，オブジェクトの左右端の3次元座標からオブジェクトの測長 l_j とレンジスキャナとオブジェクトの距離 OP_{0j} （$j=1 \sim n$）を求める。これより各オブジェクトの OP_{0j}，l_j，l_{mj} が分かるので，OP_{0j} と残差 $e_j = l_j - l_{mj}$ の関係を調査する目的でレンジ画像からエッジ画像を作成した。その一部を図4.7 (a)，(b) に示す[4-3]。

（a）レンジエッジ画像1　　　　　　（b）レンジエッジ画像2

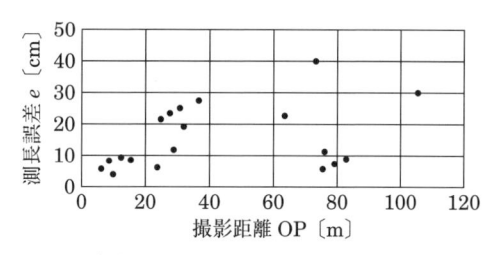

（c）レンジ画像内の距離測長誤差

図 4.7

このエッジ画像を使用して，画像上で計測したのをまとめて，撮影距離 OP と測長誤差 e の関係をプロットしたのが図 4.7（c）である。$OP_0=20$ m 以内での測長の残差は，平均すると $e_j=6$ cm 程度である。また，測長の比較的長い $OP_0=80$ m 程度でも，エッジ位置が正確であれば測長誤差 e は大きくならないことが分かる。

4.4　点群データからのメッシュ化（シュリンクラップ：shrink-wrap）

点群データは離散的であるために点群データの周辺から近距離の候補を見出して，

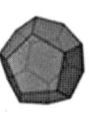

図 4.8　メッシュ化（3, 4, 5角）を立方体にしたときの相違

連結して最終的にメッシュを構成してサーフェスモデルの網目状を造り上げて行く。表面の多角形（polygon）を形成するメッシュの立方体像としては，図4.8のような多くの立方体が存在するが，通常三角メッシュでモデルを構成するのが一般的である。

　近隣の点群データを接続するメッシュの方法には，多角形の辺数を増すに従って複数サーフェスモデルの接続部分の処理に人手を介すことが多くなり，プログラミング技術から離れていく傾向にあるため，曲面にもエッジや突起部分にも対応できる三角形を基本にした三角メッシュが使われている。三角形でサーフェスモデルを構成すると平面上に過度な無駄なデータが存在したり，ガラス越しに不要データなども存在するケースもあるので，これらの除去処理を伴う。また，工業製品のような精密なサーフェスモデルになると，メッシュ内にごつごつした部分も発生するので，極所的に点群データを増加させるなどして，極所的にメッシュ密度を高めて対処することもある。

4.4.1　ドロネーの三角メッシュ

　2次元図では，GISなどに応用されているボロノイ図を思いつくが，これは3D空間のメッシュ生成には応用可能であるが，点群データ間の中点をメッシュ点とし，さらに多角形を三角形に再編成することになる。そこで，点群データをそのまま利用する方法として，2次元ドロネー（Delaunay）図がある[4-4]。これは，点と辺で多角形を構成するため，高速処理可能であることから3D空間に散乱している点群データから初期メッシュを形成するのに駆使されている。三角形の形状については，図4.9のように正三角形に近いものを理想的とし，2辺長が他に1辺より長くなるほど非理想的となる。

　任意の幾何学的な多面体オブジェクトの形状を細かい要素に分割するメッシュ生成技術は，形状表現の画像生成処理などに用いられており，三角メッシュ生成手法の1つに，Delaunay三角メッシュ法がある。これは平面中に与えられた多数のノードを連結して三角形要素の集合を生成する方法で，三角形要素の最小角度が最大

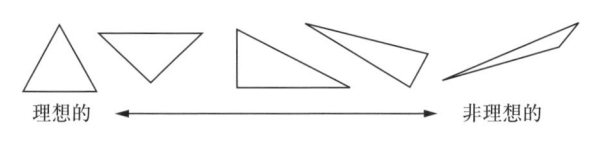

図4.9　点群データのメッシュを構成する三角形の形状

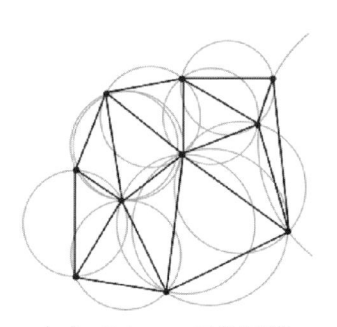

（a） Delaunay 三角分割法　　　（b） 地形表面三角形メッシュ

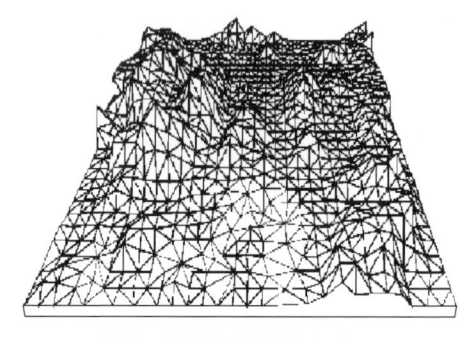

図 4.10

になるようにメッシュを生成するのが基本である．また，形状の外周，穴，内部線分などに制約条件をつけた制約付き Delaunay 三角メッシュ生成法のアルゴリズムが広く駆使されている[4-5]．この制約条件を構成するには，線分が 1～2 個の要素の辺となるように三角メッシュを生成する．この制約付き Delaunay 三角メッシュ生成法は，制約線分がない状態で三角メッシュを生成し，そのメッシュに制約線分を追加し，制約線分と交差する要素を除去し，その領域におけるメッシュを再生成する方法が取られるが，処理時間に問題がある．そこで，制約付き Delaunay 三角メッシュ生成法の効率的な実装方法の改良もされてきている[4-6]．

図 4.10 (a) は Delaunay 三角分割法により形成されたメッシュの一部分を描いたものであり[4-7]，図 (b) は地形表面点群からの三角形メッシュの事例である[4-8]．

4.4.2　エッジ検出

レンジ画像の 2 次元画像配列に 3×3 のマスクを掛け，そのマスク内で三角パッチを定義し，その三角パッチを $\pi/2$ 回転して，図 4.11 (a) のような 4 パターンから 12 個の三角パッチ A～L を定義する．

図 (b) における三角パッチ ABC の法線ベクトルを N_A, N_B, N_C とすると，これらの単位法ベクトルを N_{Ae}, N_{Be}, N_{Ce} として書き表すことができる．式 (4.1) のように各 N_{Ae}, N_{Be}, N_{Ce} の計算から，その差を求め，式 (4.2) のエッジ検出基準となる閾値を P_{th} として書き表すことにする[4-9]．

$$N_A = (P_3 - P_2)(P_2 - P_1), \quad N_{Ae} = N_A/|N_A| \tag{4.1}$$

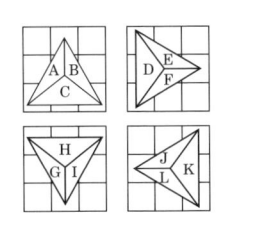

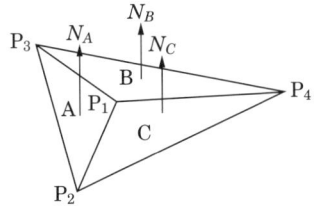

(a) エッジ検出マスク　　(b) 三角パッチの法線ベクトル

図 4.11

$$|N_{Ae}-N_{Be}| < P_{th}, \ |N_{Be}-N_{Ce}| < P_{th}, \ |N_{Ce}-N_{Ae}| < P_{th} \qquad (4.2)$$

初期のエッジ検出時には，$1<P_{th}<2$ の適用範囲が目安となろう．仮に，三角パッチ ABC は，同一平面になるには，式 (4.2) が同時に成立することである．

4.4.3　平面の法線ベクトル利用と特徴点抽出

離散的に抽出された点群データが数万点（例：444×444 以上）になると，中央部の物体をモデル化していくには，Delaunay 三角メッシュを作成するにしても点群データが多すぎて非効率なために，点群の削減処理を挿入したほうが効率的である．

そこで，近隣の三角平面を構成して各平面の法線ベクトルを抽出して，その夾角 θ が π に近い時は平面の連続性とし，削除対象とし，$\theta \fallingdotseq \pi/2$ に近いとフィットエッジ抽出付近とし削除対象外とする．このためには，モデル対象ごとに，夾角の閾値 θ_{thr} を決定するための画像処理過程を設けなければならないことになる．

この方法であれば，点群データの特徴点のみ抽出してエッジ抽出も可能となり，特徴点の削減も可能となる．

レンジ画像 $m \times n$ の画素が格子配列に並べてある状態を一部拡大して図 4.12 (a) に示し，各画素をタスキ掛けにした仮の稜線をメッシュ候補とすると 2 次元画像処理の 8 連結成分を仮の稜線とした状態となる．このとき，図 (b) に示すようにすべての稜線に対して稜線をはさむ三角メッシュの法線ベクトル（normal vector）の夾角 θ を算出する．この法線ベクトルを抽出する基礎関係式は次の通りである．

$$\left. \begin{array}{l} cx = ay - bz - az - by \\ cy = az - bx - ax - bz \\ cz = ax - by - ay - bx \end{array} \right\} \qquad (4.3)$$

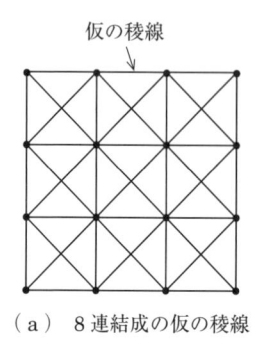

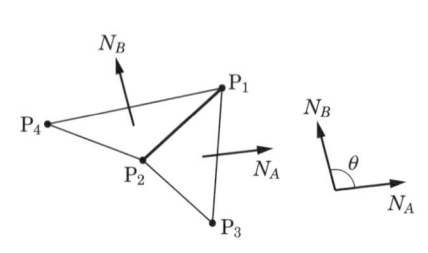

（a）8連結成の仮の稜線　　（b）法線ベクトルとその夾角 θ

図 4.12

2つのベクトル a および b が，それぞれ，(ax, ay, az) と (bx, by, bz) で表わすと法線ベクトルは (cx, cy, cz) となる。

法線ベクトル間の夾角 θ が極小（ゼロに近づく）と2つの三角形は平面を構成できなくなり，P_1P_2 はエッジとして取り扱うことになる。

また，法線ベクトルの方向は，オブジェクトの表を表現でき，逆方向は裏を表すのにも使用できる。

4.5 直線と平面の抽出

4.5.1 線分間の近似交点

3次元空間の画像上において，直線 A：$y=ax+b$，$z=cx+d$，直線 B：$y=ex+f$，$z=gx+h$ とすると，この二直線 A，B が直交するとき，画像上から抽出された A，B の線分は誤差を伴うために必ずしも交差しないので，直線 A 上の点 $P_A(p_a, ap_a+b, cp_a+d)$ と直線 B 上の点 $P_B(p_b, ep_b+f, gp_b+h)$ に至る距離 S_{AB} を最小になるような点 p_A と点 p_B を定め，その中点を近似交点 p_S とする。

$S_{AB}^2 = \Omega$ として偏微分して最小二乗法により連立方程式（4.4）を解いて直線 A，B の交点を求める。

$$\begin{bmatrix} a^2+c^2+1 & -ae-cg \\ -ae-cg-1 & c^2+e^2+1 \end{bmatrix} \begin{bmatrix} p_a \\ p_b \end{bmatrix} = \begin{bmatrix} a(f-b)+c(h-d) \\ e(b-f)+g(d-h) \end{bmatrix} \quad (4.4)$$

この連立方程式（4.4）を解くことによって2直線 A，B は再決定される[4-10]。

4.5.2 平面の抽出

空間内で点 (X_0, Y_0, Z_0) を通り,法線ベクトルが $n=(a,b,c)$ の平面方程式は,$a(x_i-x_0)+b(y_i-y_0)+c(z_i-z_0)=0$ となり,一般に次式となる。

$$ax+by+cz+d = 0 \tag{4.5}$$

点 $A(x_i, y_i, z_i)$ と平面 $ax+by+cz+d=0$ の距離を h とすると,

$$h = |ax_i+by_i+cz_i+d|/\sqrt{a^2+b^2+c^2} \tag{4.6}$$

となる。

平面方程式が求められたとき,すべての平面候補点と既存平面との距離の算出が可能となる。この距離 Δs に閾値 s_{thr} を設定することによって,Δs が閾値以内ならば,平面として取り込み,$\Delta s > s_{thr}$ なら平面候補点から排除する。

最小二乗法により図 4.13 の既存平面 Q の平面方程式を $x+a_1y+a_2z=a_3$,平面 Q の法線ベクトルを $N_x=(1, a_1, a_2)$,平面と x 軸の交点を $P_0=(a_3, 0, 0)$,法線ベクトル N_x と P_0P_i の夾角を θ,平面候補点を $P_i=(x_i, y_i, z_i)$,点 P_i から平面 Q に下ろした垂線と平面の交点を H,平面候補点と平面 Q の距離を Δs とすると,距離 Δs は次のように表現できる。

$$\Delta s = |P_0P_i|\cos\theta \tag{4.7}$$

さらに,N_x と P_0P_i の内積 dp は次のように表せる。

$$dp = |N_x||P_0P_i|\cos\theta$$

これより距離 Δs は次式となる。

$$\Delta s = \frac{dp}{|N_x|} = \frac{(x_i-a_3)+y_ia_1+z_ia_2}{\sqrt{1+a_1^2+a_2^2}} \tag{4.8}$$

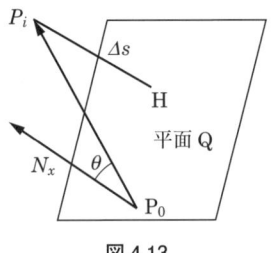

図 4.13

4.5.3 空間上の直線

レーザスキャナによるレンジ画像データは,点群データであるので空間上に再現できる.この空間を再現する過程で,空間上の直線が必要になることが多い.点 $p_1(x_1, y_1, z_1)$ と点 $p_2(x_2, y_2, z_2)$ を通る直線 t は,式(4.9)のように表せる.

ただし,$x_1 \neq x_2$, $y_1 \neq y_2$, $z_1 \neq z_2$ である.

$$\frac{x-x_1}{x_2-x_1} = \frac{y-y_1}{y_2-y_1} = \frac{z-z_1}{z_2-z_1} = t \tag{4.9}$$

点 $p_3(x_3, y_3, z_3)$ から直線 t に降ろした垂線と直線 t の交点を H とすると交点 H(h_x, h_y, h_z) は,次のようになる.

$$h_x = t(x_2-x_1)+x_1, \quad h_y = t(y_2-y_1)+y_1, \quad h_z = t(z_2-z_1)+z_1 \quad (4.10)$$

このときの直線 t の方向ベクトルは,$t=(x_2-x_1, y_2-y_1, z_2-z_1)$,$p_3H=(h_x-x_3, h_y-y_3, h_z-z_3)$ である.

次に,平面 Q 上に距離データを保有する点群が N 個あるときは,平面方程式を $x+a_1y+a_2z=a_3$ の形式にして,未知数 a_1, a_2, a_3 に係る正規方程式を解き,最小二乗法を用いて平面方程式を決定する.このときの未知数を決定する連立方程式は式(4.11)のようになる[4-11]。

$$\begin{bmatrix} Y^2 & YZ & -Y \\ YZ & Z^2 & -Z \\ Y & Z & -N \end{bmatrix} \begin{bmatrix} a_1 \\ a_2 \\ a_3 \end{bmatrix} = -\begin{bmatrix} XY \\ XZ \\ X \end{bmatrix} \tag{4.11}$$

ただし $X = \sum_{i=1}^{N} x_i$, $Y = \sum y_i$, $Z = \sum z_i$, $XY = \sum x_i y_i$, $YZ = \sum y_i z_i$, $XZ = \sum x_i z_i$

4.5.4 一般化ハフ変換

基本のパターンと同類したパターンを画像内から検出して照合する方法は,パターン認識でよく使用されている.ここでは,ビデオ画像(または CCD 画像)を利用して,画像内の消失点(vanishing point)P を直線成分の検出から算出する問題に対応できるように,ハフ変換(Hough transformation)とその関係式について述べる[4-12]。

レンジ画像の2次元表示では,直線は曲線表示されるために,ハフ変換を直接2次元表示されたレンジ画像に適用することは困難を伴うため,レンジ画像と連動して撮影されたビデオ画像に対して,ハフ変換を適用して直線群を認識してから消失

（a）ビデオ画像　　　　　（b）赤外線距離画像

（c）ビデオ画像の消失点 P

図 4.14 ハフ変換に用いる消失点

点を求める。ビデオなどの画像内直線上の数点をレンジ画像上と対応させれば，このような画像併用によって数少ないレンジ画像上の 3D データを用いて，ビデオ画像上で複数のビルの高さの算定を可能にしてくれる。これは，2 次元表示化されたレンジ画像では，遠点が不鮮明になるために，これをビデオ画像（または CCD 画像）で補うものでもある。

図 4.14 (a) はビデオ画像を例示しているが，これは図 (b) のレンジ画像と連動しているときの画像で，ビデオ画像から直線群を求めて，消失点を求め，レンジ画像の測点からビルの高さを見い出すためのビル低点の同定に活用することができる。

図 (c) のような消失点 P を求めるには，ハフ変換の応用がある。Hough が直線 $y=ax+b$ の a, b 定数を 2 変数とする空間にすべての直線を表現する方法を 1962 年に考案し，Rousenfeld，Duda，Hart らによって画像への応用がなされてきた。直線検出では図 4.15 (a) の (x,y) 座標系の直線 A, B の傾き a と切片 b を座標系とした図 (b) では，A は平面 (a,b) の点として表現され，A, B の交点は (a,b) 座標系では A, B を通る直線で表現される。図 (c) の点 A を通る a 軸に平行な直線は，図 (d) の (x,y) 平面では b が一定の直線群として表される。この関係を画像パターン

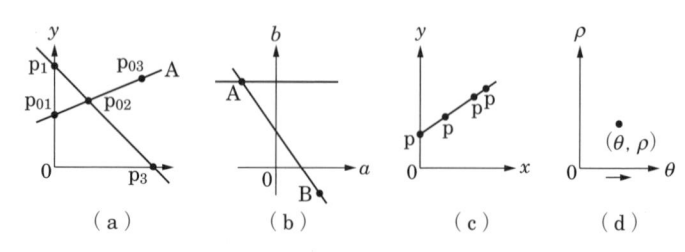

図 4.15 ハフ変換用座標系

に応用するためには，a, b の代わりに正規表現の座標系とした平面 (θ, ρ) を用いる。これは 2 値画像 $p(x, y)$ に対して次式で (x, y) と (θ, ρ) を関係づける[4-13]。

$$\left.\begin{array}{ll}\rho = x & (\theta = 0) \\ \rho = x\cos\theta + y\sin\theta & (\theta \neq 0)\end{array}\right\} \quad (4.12)$$

式 (4.11) は 2 次元座標上の点 (x, y) が図 (c) の新 2 次元空間 (θ, ρ) 上に変換されたとき，2 次元空間 (θ, ρ) 上では 1 つの曲線で表現されるため，2 次元座標 (x, y) における直線は，2 次元空間 (θ, ρ) 上では多数の曲線群となり，この交点を見出すことで，2 次元座標 (x, y) における直線を見出すことができる。

また，画像パターンにハフ変換を応用するには，直線以外に Merlin-Farber の曲線検出法が研究されて円や楕円の検出が試みられ，ベクトル平面も 3 次元に拡張され，任意の形状検出のアルゴリズムが提案されるようになり，これを一般化ハフ変換と呼ばれている。Ballarad の一般化ハフ変換は画像パターンのエッジ点 e，参照点 $a(x_c, y_c)$ としたときベクトル $r = \overline{ae}$ と e の接線の勾配 $\phi(e)$ を定める。ベクトルを $\phi(e)$ の値ごとに集計して，R-表を作成する。$\phi(e)$ は $\Delta\phi$ ごとに区切り，ある $\phi(e)$ に対して最も近い $n\Delta\phi$ のところに vote（投票）をする。

画像照合に対しては，対象画像のすべての点について投票操作がなされたとき，R-表が最も類似している $a(x_c, y_c)$ が参照点として決定される。画像パターンに伸縮や回転を生じているときは，相似パターンの検出を行う。

最近では任意形状の一部が欠落したり，重なり合った形状認識の照合にも用いられている。レンジ画像の応用では，自然界のオブジェクトは複雑であるため，人工的なオブジェクトの方が適用しやすい。

4.6 領域分割(セグメンテイション)

レンジ画像内の点群データから平面を抽出する処理を説明してきたので,ビルの外装や内装などの平面抽出をして,シーンの領域の分割に応用できる.

例えば,平面で構成されるビル内のレンジ画像の事例として,図 4.16 (a) のような廊下が撮影されていたときに,廊下は,床,側面壁,天井などから構成されているので,内装のモデリングには,廊下の床,左右の側面壁,天井の 4 平面の方程式を求め,これらの交差する直線を求めれば,廊下の外観をモデル化ができ,窓や扉の付属モデルを追加できる骨格ができあがる.

床,側面壁,天井の平面を抽出するには,2 値化処理で説明してきたラベリング処理が必要で,ラベル付きの平面から,目的の廊下を構成する平面とそれ以外の部分と区別する[4-14].

図 4.16 (b) は,点群データの中で,平面と思われる部分ごとに 4 か所以上をレンジ画像内にマウスで矩形領域として囲みサンプリングする.ここでは,各抽出平面を区別するように PL_i ($i=1〜4$) の記号で表している.この領域ごとに平面方程式を最小二乗法で定め,ラベリングをして,このラベル平面が視覚的にわかりやすいようにラベルごとに色彩を施して表示すると視覚的に多平面を区別しやすい.

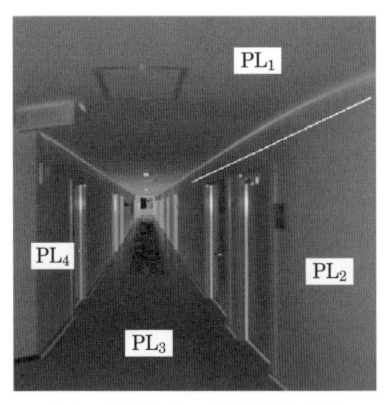

(a) 廊下のレンジ画像　　(b) 平面候補の矩形領域の指定

図 4.16 領域分割のための平面区分

4.7 部分メッシュの処理順序の設定

モデルは図 4.17 のように多点観測から生成されるものであるから，レーザスキャナの1つの観測点からの点群データやレンジ画像から構成されたメッシュは全体の一部分となる。このために全体モデリングを企画・計画する場合には，幾つかの部分に分ける試みがなされる。これらの各々の点群データから各々の部分メッシュができ，これらの部分メッシュに対して融合処理がなされて，全体のメッシュができあがる。オブジェクト全体のメッシュは通常，3個以上の部分メッシュから成り立つので，図 4.17 のような部分メッシュ番号 i の順序番号を付加しておくと便利である。この順序付けは融合画像処理に役立つ[4-15]。

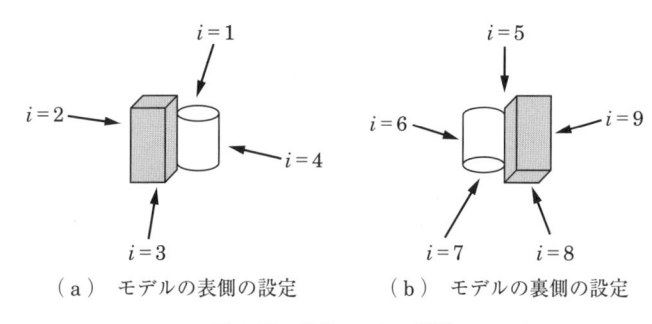

（a）モデルの表側の設定　　（b）モデルの裏側の設定

図 4.17　部分メッシュ番号

4.7.1 部分メッシュの融合（シーン融合）

レンジ画像の基になる点群データは，モデリング対象を多点からデータ収集した部分メッシュからモデルをコンピュータ上に再現する。従来の工業用のモデル製造には，3面図（正面，側面，率面）が紙面に線画され，これに寸法線を入れ，適度な縮尺で表示されてきた。コンピュータを活用するようになって，CADが発展し日常化してきている今日でも，これまでの正確な製作には，3面図と材料表がなくては不可能に近かったといえよう。

この3面図がなくても，現存の物体の再生・修復にレーザスキャナで収集した点群データからモデルをコンピュータ上の仮想空間に再現できるので，点群データから必要に応じて三面図も作成することが可能である。

一方，地図作成の基本技術の写真測量（photogrammetry）では，一定高度から撮影した航空写真（空中写真）は，横60％，縦30％のオーバラップをさせるように測量規定がなされ，地表面を目視で3Dモデリングされてきた（現在，高解像衛星画像も利用）。高価な航空機，航空カメラ，精密図化機を揃えての話で第2章に一部の原理を紹介してきた。この古来活用されてきた西欧を中心に発展してきた航空写真とその標定方法（orientation method）は，横60％のオーバラップ部分に，6点の日型矩形に標定点を配置して接続標定を行う[4-16]。第2章に複比の紹介をしたのも，空間を接続するには最低5点の既知点が必要であることを理解してもらう意図があったからである。6点の標定点の配置は精度向上になるし，1点水面で欠落しても標定可能になっている。

　では，点群データ間の融合（接続）では，すべての点群の3次元座標は既知であるから，一部のオーバラップ部分に沢山の点群データが存在するようにデータ収集するので，オーバラップ部分を視覚的に観測して繋ぎあわせれば良いことになる。しかし，収集データがmm単位まで計測されているため，測量分野の誤差・精度も少々気になることになる。

　ただ，ここでレーザスキャナで収集した点群データの融合と測量分野（survey field）の接続で根本的に異なる点を指摘しておかなければならない。測量分野の接続には，測量点が用いられてきている。点群データは，対象物を反射してきた小面積の反射率をデータにしたものであるために，厳密にはデータの基が異なる。ましてや2方向から収集したオーバラップ部分は共通でも，同一の小面積の反射率をデータにしたものではない。したがって，点群データ間の融合（接続）では，同一の小面積に近いデータ群が存在するけれども，点群データ間のオーバラップ部分には同一地点は存在しないと考えたほうが正確であろう。

　したがって，レーザスキャナでの収集した点群データの融合には，全オーバラップ部分の点を用いるICPアルゴリズム（Iterative Closest Point algorithm）が知られている。

4.7.2　ICPアルゴリズムの概要

　この古典的な基礎融合アルゴリズムは，Beslらにより開発されたICPアルゴリズムと略して知られている[4-17]。ICPアルゴリズムは初期状態として2つの点集合

の位置関係が近い状態に割り当てられている．このICPアルゴリズムを要約すると次のようになる．

① 最近隣点探索処理：一方の部分メッシュの全点において，点間ユークリッド距離が最近隣となる点を探索して対応点を計算する．
② 座標変換推定処理：対応点のユークリッド距離で二乗誤差の合計が最小になるように座標変換行列を最小二乗法により計算する．
③ 点集合の変換処理：座標変換推定処理で求めた座標変換を点集合に適用する．
上記諸点項目①～③を反復処理して，誤差を最小値にするように収束させる．

4.7.3 ICPアルゴリズムの改良

ICPアルゴリズムの処理速度向上を重視した簡易手法を次に示す．

① 融合する部分メッシュ i（画像上ではフレーム i）において，すべての3次元ポリゴン情報をそのまま1つの浮動小数点型の配列に格納すると，メモリ不足となる傾向にある．配列を複数用意する方法もあるが，計算効率は向上せず長処理時間を要する．そこで，ポリゴンの精度を極力落とさずに個数を削減することを考える．その方法としては，重複するメッシュ領域の不要な点群をできるだけ削除することである．
② 最近点探索処理：全点のユークリッド距離を計算するのが非効率的なので，法線ベクトルを利用し，2部分メッシュ間の対応基準点を4点以上指定する．
③ 座標変換推定処理：4点以上で座標変換を行い，対応基準点での二乗誤差が閾値より少なくなるように，上記項目における4点の探索を反復する．
④ 点群集合の変換処理：この4点以上で連立方程式を立て座標変換行列を求めて点群集合に適用する．

4.7.4 エッジ点抽出を用いたアルゴリズム

モデル形成の過程でフィットエッジ処理を行うが，このエッジ点を用いて融合処理も可能である．エッジ点においてエッジ・ポリゴンを作成し，2シーン（分割メッシュ）の融合処理を行う[4-18]．このときに，2シーン間（部分メッシュ間）の各画素の距離がある閾値内であるとき，近点処理として削除してデータ量を削減する．

4.7.5 標定点利用アルゴリズム

モデリングを対象にしてレーザスキャナでレンジ画像データを収集する時点では，レーザスキャナの設置位置（測点）が未知点であるから，n 測点から観測した部分メッシュ $i=1\sim n$ では，n 点における未知数 L は，測点 (x_i, y_i, z_i) と 3 軸の回転量 $(\phi_i, \omega_i, \kappa_i)$ の合計 $L=6n$ となる。レーザスキャナ計測前の準備において，物体対象側に標定点を配置することができるときは，標定点 j は，(x_j, y_j, z_j) の 3 要素が既知量となるので，融合処理をする n 種の部分メッシュに対しては，レーザスキャナの設置位置（測点）の未知数 L は，$L=3n$ と半減する。

ICP アルゴリズムは，部分メッシュの点群データに同一の被写体がオーバラップしているが，その対応する点は厳密にはなく近傍点が存在するにほかならないからである。また，融合処理の対応点がすべて未知としているために，無駄な対応点探索が余りにも多すぎるため，この処理時間を避け標定点のみの対応点探索をすると効率が向上してくる。2 種類の部分メッシュの融合処理には，最小二乗法を用いて誤差を少なくするためにも，物体側に 5 点以上の標定用ミラー（標定点）を配置させるのが現実的である。標定点の配置方法は，周辺部と中央部分になるようにする。また，この配置が 1 直線上や 1 平面上にならないように工夫する。

4.7.6 GPS 基準点利用アルゴリズム

モデリングの対象を n 測点から観測し，部分メッシュ $i=1\sim n$ としたとき，測点とその 3 軸回転量から，n 点における未知数は $L=6n$ であった。そこで，n 測点から観測時に地球測位システムの GPS（GLONASS）から得られる緯度，経度，標高を観測しておけば，未知数は 3 軸回転量のみと半減して，$L=3n$ 個となる。

したがって，2 部分メッシュ間の回転量を算出できるように，2 点以上標定用ミラーを配置すれば，2 つの標定点の既知座標値 (x_j, y_j, z_j) から，未知量の算定が可能となる。現実的には，精度向上のために少なくとも 3 点以上を配置することが好ましい。

4.7.7 目視標定点選定の簡易法

対象小物体が目視できる場合で，動物のように外形の認識が可能なときは，物体の特徴が把握しやすく，特徴点（例えば，耳，眼，足先，指先，尻尾）を参考にし

て，全周のレンジ画像から各部分メッシュ（シーン）を作成して，部分メッシュの融合用の順序付け番号を付加してから，この順序付け番号の隣接した2個の部分メッシュごとに，オーバラップしている点群データを参照して，スレテオマッチングにより融合処理を行うことができる。全周のレンジ画像データが多くデータベースに存在しているケースでは，既存データ利用によるモデル作成のため標定点が予め配置していないケースも多いので，精度・誤差重視は困難であることから形状作成を重視したモデリングに適している。この簡易方法の手順は次のようになる[4-19]。

① レンジ画像データとして，乗用車，列車，犬，ウサギなどの全周データが欠落箇所なく得られるときには，与えられた2次元画像を選定するか，もしくはJPEG画像を作成する。

② 部分メッシュの数が多くなると，2次元画像を用いて融合処理も煩雑になるため，画像の融合の順序の関係を示していくと画像処理に使用するデータの準備もできる。このためには，図4.18のようなレンジ画像の点群データの処理順序を関係付けることになる。この事例では，データベース上の66のレンジ画像用点群データの番号を0〜65として表わしている。また，破線の関係は，部分メッシュの特徴点を参照するのに使用するものである。

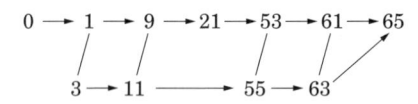

$$0 \rightarrow 1 \rightarrow 9 \rightarrow 21 \rightarrow 53 \rightarrow 61 \rightarrow 65$$
$$3 \rightarrow 11 \longrightarrow 55 \rightarrow 63$$

図4.18 融合処理順序のレンジ画像番号

③ 融合処理順序を参考にして，一対のステレオ画像を作成して4個の標定点を目視により定め，それぞれの標定点 (X, Y, Z) と (X', Y', Z') において画素値を取得し，連立方程式を解き座標変換行列を求める。

④ この標定点に対応する点をレンジ画像データから探索し，基準画像から初期標定点の法線ベクトルを取得する。これらのピクセル位置とその値，法線ベクトルを算定してから，2シーンにおける法線ベクトルの二乗誤差が算出できるアルゴリズムを作成して，各点でのユークリッド距離誤差が規定内に納まるようにする。この方法では，注目物体の特徴点（頂点）の座標値だけわかれば物体形状を知ることができる。また，処理時間を激減させる意味からも，特徴点のみ対応点探索を行い，融合されたメッシュの3次元座標を算出し決定する。

4.8 等高線の抽出

　等高点は地形表面の凹凸や傾斜の度合いを分かりやすくし，道路などの建設にかかせないものである。地形表面の掘削をするには，対象区域の面積は土量計算を伴うし縦横断図も欠かせない。そこで，三角メッシュ上からの等高線の算出に必要な処理手順と関係式を以下に示す。

　メッシュの三角パッチにおいて各辺上に指定した高度が存在するか否かを判定し，存在するときはその点の座標 $P(x, y)$ を式(4.12)を用いて線形補間により等高点を求める。

$$P = P_A + \frac{h - h_A}{h_B - h_A} \times (P_B - P_A) \tag{4.12}$$

　まず指定した標高 h を定め，全対象区域に標高 h となる候補標高点 $P_1 \sim P_n$ を見出す。この標高 h が存在する三角パッチの3辺を対象にして標高点を算出し，三角メッシュ単位に候補標高点が算出されるので，メッシュの三角パッチ上にプロットできる。これを図4.19に示す。ここで三角パッチ単位に等高線分が引ける準備が整うので，これらを図(b)のように連続的に線分にて接続させ，抽出したい標高点に対してこの探索を対象区域全体に適用して，指定した標高 h の等高線が求められる[4-20]。

　次に，標高 $h + dh$ の等高線を求め，必要に応じて標高 $h + dh \times m$ の等高線まで求める。地形の凹凸が多いときは，指定標高に対して複数の等高線が存在するので注意を要する。メッシュからの等高線は初期には折れ線になるので，Bスプライン曲線 (B-spline curve)，NURBS，ベジェ曲線などの曲線あてはめ (curve fitting) を適

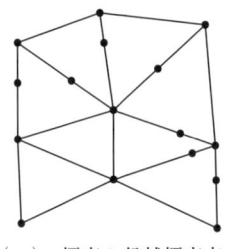

（a）標高 h 候補標高点　　　（b）接続し登高折れ線

図 4.19

用してスムージング処理を行い仕上げる.

4.9 モデリング

　モデリングの基本要素は点群，ベクター，カーブ，サーフェスである．これらには，トリミング・サーフェスとソリッドをカバーし，幾何形状に2Dと3D，シミュレーション，CG，WEB，を用いて現状構造物の再生をして，デプリカ造成，地形再生・修復の処理やアニメーション，ゲーム，医学モデルなどにも適用される．トリミング・サーフェスには3D形状を扱うグラフィクスの形状表現などもある．トリミング・サーフェス，ソリッド，オープン・シェルの構築と統合のための高度な一連のユーティリティもモデリングに不可欠となる．

　また，多彩な形状ハンドリングには，次の機能や処理がある．

　形状ポリゴン，球，楕円体，円柱，円錐の2次曲面，メタボール3次元画像のアイソサーフェスなどの各ファイルフォーマットのインポート機能や，自由曲面に係るディスプレースメントマッピング，集合演算，2次元画像へのファイルフォーマットのインポートなどの各演算処理，トリムカーブ・ビーム・プログラムによるソリッドテクスチャの各演算処理などがあり，カメラの投影，イトアンビエント，ディレクショナル，ポイント，スポット・カラーマッピング・プログラムによる設定，材質感あるシェーディングモデル，異方性反射，各テクスチャ・マッピングでの反射・屈折・影付け・ボケに対応できるアルゴリズム，環境背景，陰面処理レイトレーシング，座標変換（移動と回転），スケーリングに使う線形変換や極座標変換などの処理機能が必要である．

　3Dモデラーの業務事例としては，デモコンテンツに必要な3Dキャラクタのデザインを含めた，3Dモデリング，手話アニメーションコンテンツに対応できる人間型キャラクタ，リアルタイム3Dアニメーション対応のバーチャルキャラクタモデルの制作 などがある．

　エンジニアリング分野での3D CADのCG化や設計からの試作を経て，生産に至るまでの流れによる画像処理と解析も多い．また，デザイナの感覚をモデリングの中に取り込む過程もある．

4.9.1 シューティング

レンジ画像を基にしたモデルをオブジェクトにして，移動体との接触や衝突の問題を解決するには，シューティングアルゴリズム（shooting algorithm）を組む必要が将来出現してくるであろう．リモートセンシングでは，惑星にロケットを打ち上げて着陸させる問題から，ゲームの標的オブジェクトの矢や玉を命中させる問題まで存在する．問題を簡素化するために，ゲームの基礎ジャンルの1つである平面の標的に初速 v の玉を当てる問題を考えてみる．

玉の発射中心位置を $P(p_1, p_2, p_3)$ 玉の方向を $V(v_1, v_2, v_3)$ とし，標的の平面の3点を，$A(a_1, a_2, a_3), B(b_1, b_2, b_3), C(c_1, c_2, c_3)$ とする．

この問題では，図 4.20 (a) のような玉 P が平面 ABC と交差するかどうかという幾何問題として取り扱うことができるので，次の関係形式を用いることになる．

点 P から点 A，B へのベクトルは，

$$PA = (a_1-p_1, a_2-p_2, a_3-p_3) \quad PB = (b_1-p_1, b_2-p_2, b_3-p_3)$$

ベクトル V とベクトル積 $PA \times PB$ から次の立方体の体積が求められる．

$$\text{Det} = \det \begin{vmatrix} v_1 & v_2 & v_3 \\ a_1-p_1 & a_2-p_2 & a_3-p_3 \\ b_1-p_1 & b_2-p_2 & b_3-p_3 \end{vmatrix} \tag{4.13}$$

ベクトル V のレイがポリゴンのエッジのいずれの側にあるかによって，行列式の符号が変わってくることを利用して，

$$\left. \begin{array}{l} \gamma_{AB} = v \cdot (PA \times PB) \\ \gamma_{BC} = v \cdot (PB \times PC) \\ \gamma_{CA} = v \cdot (PC \times PA) \end{array} \right\} \tag{4.14}$$

（a）立方体の体積　　（b）玉の方向右　　（c）玉の方向左

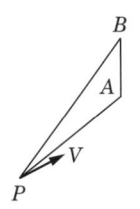

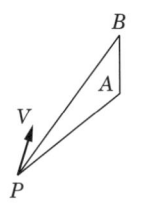

図 4.20

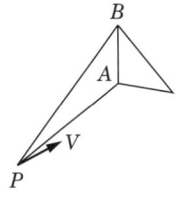

式(4.14)を算出して，これらがすべて同符号なら，レイとポリゴンは交差していることになり，それ以外は交差していないことになる．この判定結果によって，玉が標的に命中したかどうかを判定することができる．

4.9.2 バウンディング

モデリングのオブジェクトの動的な接触や衝突問題を取り上げたとき，一方が静止し，他方が移動する場合は，4.9.1項のシューティングモデルに属する．ここでは，オブジェクト双方が移動して動的な接触や衝突をするケースをバウンディングモデル（bounding model）として紹介する．例えば，航空機の空中燃料補補給問題，戦闘機や船舶とミサイルの問題，ゲームでの移動物体の衝突をする各種の問題に，バウンディングモデルが使われる．

ここでは，問題を簡素化するためにバウンディングモデルの基礎として，2球の衝突や球と平面の衝突を考えてみる[4-21]．

1) 2球の衝突

2球 A，B の中心と半径を $c_{a'}, c_b, r_{a'}, r_b$ とすると，2球の交差，接触，分離の条件は，次のようになる（図4.21 (a) 参照）．

$$\left.\begin{array}{ll} 2球の交差条件 & \| c_{a'} - c_b \| < r_{a'} + r_b \\ 2球の接触条件 & \| c_{a'} - c_b \| = r_{a'} + r_b \\ 2球の分離条件 & \| c_{a'} - c_b \| > r_{a'} + r_b \end{array}\right\} \qquad (4.15)$$

2球が交差するときは，交差の深さ $p(a, b)$ により，2球の反発方向も変わってくるので，次の2球の交差の深さを算出する必要がある．

$$p(a, b) = \max(r_{a'} + r_b - \| c_{a'} - c_b \|, 0) \qquad (4.16)$$

また，図4.21 (b) のように2球の分離の深さ $p'(a, b)$ は，

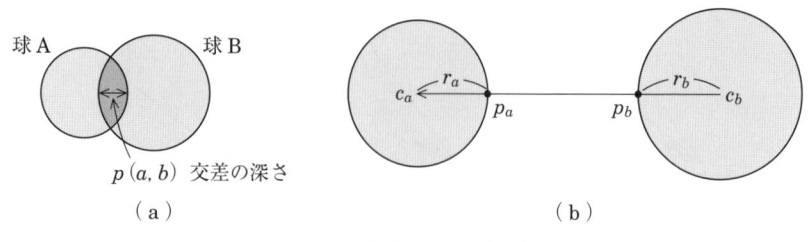

（a）　　　　　　　　　　　　　（b）

図4.21 交差の深さ $p(a, b)$

$$p'(a,b) = c_{a'} - c_b \tag{4.17}$$

となり，2球の最接近点（support points）p_a と p_b の計算には次式を用いる．

$$p_a = c_{a'} - r_a p'(a,b) / \| p'(a,b) \|$$
$$p_b = c_b + r_b p'(a,b) / \| p'(a,b) \| \tag{4.18}$$

2) 球と平面の衝突

球が平面の法線方向に存在するとき，球の中心 c_a，平面 l を $L=(n,D)$ として表すと，平面 l を球の方向に r だけ平行移動したときの平面を，$L=(n,D-r)$ として書き表すことができるので，球と平面の衝突の条件は次のようになる．

$$\left.\begin{array}{ll} \text{球と平面が離れている} & c_a \cdot L > 0 \\ \text{球と平面が接している} & c_a \cdot L = 0 \\ \text{球と平面の衝突しめり込む} & c_a \cdot L < 0 \end{array}\right\} \tag{4.19}$$

球と平面が衝突して，めり込む条件を満たすとき，球と平面の反発係数を与えることによって，球がいずれの方向に向かうかという問題に発展させられる．

この球と平面の衝突をさらに拡張すると，平面をガラスのような場合，ガラス平面の表側と裏側に球が存在することが想定できるので，式(4.19)は，次の5条件に拡張される．

$$L \cdot c_a > r_a,\ L \cdot c_a = r_a,\ r_a > L \cdot c_a > -r_a,\ L \cdot c_a = -r_a,\ -r_a\ > L \cdot c_a$$

4.9.3 CAD 平面図の作成

CADで取り扱われる図面では，図4.22に例示したような平面図，立面図，側面図が必要なので，3Dモデルを表示するソフトウェアで対応可能である．3Dモデルは仮想空間の任意の視点から表示できるメリットがあるので，これを利用しながら，任意の視点から観測した図面の作成もできる．

4.9.4 カタログフィッティング

カタログデータを生成したモデルにベストフィットさせる処理のことをカタログフィッティングという．出力フォーマットは，将来再利用を考慮して使用頻度の高いフォーマットにして保管する．例えば，yra CGPAutoCAD DXFMicrostation DGNVRML 2.0. WrlWavefrontOBJText（x, y, z, Color）PTS などがその例である．また，カタログにない特注品の製作に関しては，カスタマイゼーション（Customi-

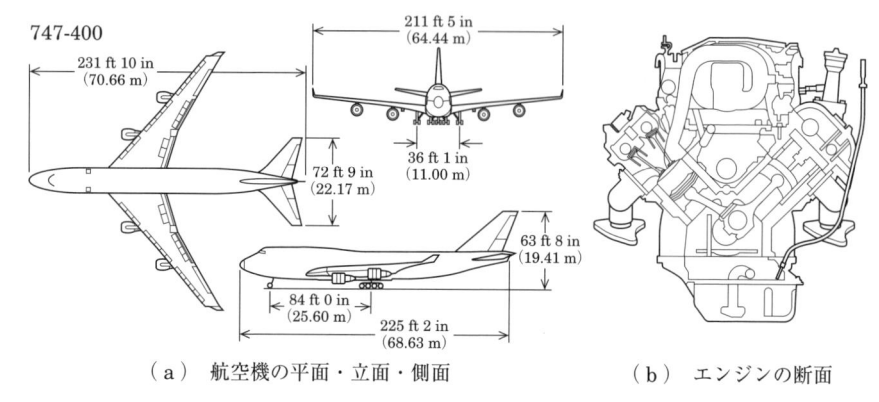

(a) 航空機の平面・立面・側面　　　　(b) エンジンの断面

図 4.22　CAD で用いる図面の事例

zation）の処理が追加される。

なお，モデリングには対象がミクロからマクロまであるので，距離の単位を参考までに補足しておく。

　光計測，顕微鏡での計測：μm

　土地・家屋の計測：m

　地球，太陽惑星の計測：km

　銀河系：光年，天文単位，ps

　方向・角度：度分秒（1°1′1″）

　角度単位：グラード（grade），ゴン（gon），立体角：ステラジアン（sr）

演習問題

4-1　レンジ画像処理の中で 2 次元と 3 次元の直線の使い分け方法を述べよ。

4-2　レンジ画像処理の中で平面方程式を使う事例を示せ。

4-3　レーザスキャナで収集した位置からの点群データの散布状況を観測したい。どのようなビュアを使用すると効果があるか検討してまとめよ。

4-4　点群データからメッシュを構成する簡易方法を述べよ。

4-5　点群データの接続に法線ベクトルを使う方法とそのメリットを述べよ。

4-6　メッシュを構成するときに，部分メッシュの融合処理法を要約せよ。

4-7　球とボックスのバウンディングモデルの関係式を導け。

第5章
レンジ画像データの形式

　3Dレンジ画像データファイルには，VRML，ASCII，DXF，VYK，3pなど複数の拡張子が利用されているので，これらに関する拡張子を説明する。また，諸外国の公開されているデータベースに使われているファイル構造と，そのデータ列がどのようになっているかを理解でき，活用できるようにする目的で，一部のデータダンプリストを添えて，3D形状やモデリング形式について述べる。

5.1　VRMLの概要

　VRMLの特徴機能の設定としては，ルート制御できる動作機能の設定，マルチメディアとしてビデオやサウンドの機能の追加，プロトタイプで新ノードやフィールドの設定，Java言語やJava Scriptによるスクリプト機能の設定，アニメーションの補間処理の設定などがある。

　このVRMLの表示ツールはVRMLブラウザでExplorer，Netscapeを用いる。VRMLの開発ツールには，VRML作成モデラー，幾何図形ツール，幾何図形変換ツール，レンダリングツールなどがある。

　なお，VRMLの説明部分を補うためには，http://www.vrmlsite.com/ のサイトが参考になるし，Cosmo Playerの操作法は下記のサイトが参照になる。

　　　　http://www.karmanaut.com/cosmo/player/

　VRMLファイルを閲覧するVRMLブラウザにはCortona VRML Client，blaxxun Contact，PivoronPlayerなどがある。

　VRMLの歴史的な背景としては，1994年に仮想現実割付言語VRML（Virtual Reality Markup Language）が誕生して，仮想現実的な3次元幾何形状を記述する構造化言語として発展し，1995年にVRML1.0が公表された。1996年にVRML2.0の仕様が確定し，VRMLもVirtual Reality Modeling Languageと改名された[5-1]。

　HTMLはWebページにテキストや静止画像，ビデオ，サウンドなどが2次元の

静止メディアとしての表現で，3次元的動画メディアにも対象が拡大されている。

なお，仮想現実モデリング言語のVRMLファイルの拡張子は「.wrl」である。

a. VRML2.0の構成

現在使われているVRML2.0は，基本的にヘッダ，コメント，ノード，フィールド，ルート制御，プロトタイプの要素から成り立っている。ヘッダでVRML1.0と2.0のバージョンを区別している。

b. VRML空間

VRML空間の座標系は，右手系直交系となるので，座標軸には，x軸（右手親指），y軸（人差し指），z軸（中指）となる。角度の単位はラジアンとする。立体感を表すために照明と視点との方向から表面の明るさなどを決める。法線ベクトルは裏と表の面の表現に使用でき，透明感を表現するには裏面を使うことができる。

c. VRMLの幾何形状

幾何形状を示す点，線，面の基本要素があり，図形描画の種類には，球，円錐，直方体，円柱，文字列などがある。

d. 舞台設定

グループ化（親）ノードは，数種類の子ノードからなる。子ノードをグループ化するノードには，AnchorノードとInlineノードがある。グループ設定にはGroupノードを使い，以下に子ノードを記述する。子ノードの切り換えは，ノード選択のSwitchを用いる。

なお，最近では，VRMLの表現能力の限界などから，次世代の仕様としてXMLベースのX3Dを作成することとなった。

5.2 X3Dの概要

X3DはVRMLの後継で，web時代により適応するように研究されてきたもので，国際標準化機構のISOが定めているXMLを基準とした3Dコンピュータグラフィックスの表現用のファイルフォーマットである。

X3Dの機能もVRMLの拡張であることから，Humanoid Animation，NURBS，GeoVRMLなどを包含しており，XMLの構文を使ってシーンを符号化のみでなく，VRML97のOpen Inventorに類似した構文の記述もでき，かつAPIも拡張されて

きている[5-2]。

1) X3D の国際規格

このコンソーシアムでは，統合された3Dグラフィックスや情報技術（CG，画像処理，環境表現など）のISOプロセスのマルチメディアフレームワークとしてX3Dを進展させている。

このX3Dの国際標準として完全なISOの承認に到達するまでは，メンバのみとし，公開レビュープロセスを経る仕組みになっている。また，承認された仕様の以前のバージョンも閲覧可能である。

X3Dの拡張子は，（.x3dv, .x3d, .x3db）などで，MIME Typeは，model/x3d+vrml，model/x3d+xml，およびmodel/x3d+binaryである。

また，X3Dの公式サイトは，http://www.xj3d.org/ である。詳細は，以下のオープンソース，ツールキット，ブラウザ，ワーキンググループ，コンフォーマンステストなどを参照すると判かりやすい。

2) X3D オープンソースプロジェクト

より多くのX3Dのプロジェクトが，オープンソース：Xj3Dとして開発されている。もし，X3Dのプログラミングの開発者が，これらのプロジェクトに貢献するときは，各自の仕事にこのオープンソースを使用することができる。

3) Xj3D Java ベースのツールキットと X3D テストブラウザ

Xj3Dは，X3Dに準拠した製品を作成するためのJavaベースのコンポーメントツールキットおよびX3Dテストブラウザである。

4) X3D ワーキンググループ

a. CAD

通常，CADアプリケーションで作成した3Dデータは，企業全体で他のユーザと共有することは困難である。セールス＆マーケティングやトレーニングのために，他のアプリケーションにそのようなCADエンジニアリングファイルなどの3Dデータを統合するのに時間がかかり，困難がつきまとう。そこで，このオープンな標準X3D CADイニシアチブは，ユーザがアクセスし，再利用，複雑な3Dと技術的なデータをシームレスに企業全体で，他の一般的なデスクトップアプリケーションに統合できる効果がある。

CADとエンジニアリングの外部専門家，アニメーション，マテリアルとテクス

チャを含め，このグラフィカルなデータにアクセスするために生産性を向上させ，コストを削減し，新たな収益ストリームを生成できるようになる。これは，CADデータの価値を上げ，他分野のコストを削減できるからである。

b. メディカル

医療ワーキンググループは，イメージングモダリティの多種多様の入力に基づいて，人体解剖学の表現のためのオープンな相互運用可能な基準を開発している。これは，画像機器のメーカが，自分のコンピュータで，医師と学生が共に使用でき，相互運用可能なファイル形式にエクスポートすることができる。放射線科技師や医師は，自宅で閲覧することもでき，希望する患者にはCD-ROMで提供可能である。

患者が複数の種類（CAT, MRI, PET）のスキャンを受診したとき，これらのすべての根本的な問題や明確なビューを医師と患者に与え，登録できる。また，多種類からエクスポートされたデータを受け取った研究者は，患者教育，診断，手術のトレーニングに使用することができるように，標準の3Dデータセットにそれらを融合させることができる。

MedX3Dは，厳密にリアルタイムな3次元可視化の恩恵を受けることができる医療への応用に焦点を絞っているので，これらの形式のアプリケーションには，研究と教育のための医療のモデリングとシミュレーションを含んでいる。

また，DICOM（医療におけるデジタル画像と通信）とMedX3Dの間の交換機構の開発にも取り組んでいる。

c. 応用分野

主な応用分野を大別すると，医学モデル，外科研修，患者教育に分けられる。

d. 最初のテクニカルフォーカス

X3Dにおける人体解剖学の表現としては，登録した3D骨格構造を持つ2D画像の関連付けをする。3D解剖モデルのコンテキスト内の画像テクスチャに対応するX3D拡張機能を含んでいる。

e. MedX3Dコンテンツ提供協力機関

SenseGraphics，ウェールズ大学，バージニア工科大学，Yumetechなどである。

f. ユーザ・インタフェース

学界，産業，エンターテイメントにおけるWeb3Dコンテンツの耐久性や移植性は，コンピューティングとインタフェースパラダイムの新たなフロンティアでテス

トされる．没入型システムからゲームステーションにまで用いられ，3Dが人間工学的に有効なインタフェースをする．ネットワーク上の仮想空間を豊富にして可能にするためには，コンテンツの設計者は，アクセス，管理，および新規な相互作用テクニックを説明するための入力デバイスと，より多くの表現力を用いるための機能を提供する基準が必要となる．

g. ワーキンググループの目標

Web3Dコンソーシアムのユーザ・インタフェース・ワーキンググループの主な目標は，X3Dコンテンツの一般的なUI機能をサポートする方法を設計して提案することである．標準語で確立された3Dインタラクション技術を実装し，ナビゲーション，選択，操作，視覚化のための独自のカスタム技術を記述する．それらの技術はIOデバイスやプラットフォームを使用し，ユーザの好みに応じて適応させることができよう．

拡張されたX3D言語では，他の解釈や宣言型言語で実現することができる新しいシステムを作成する可能性がある．

X3Dベースのアプリケーションは，任意のマルチユーザアプリケーションに必要なネットワークイベントを受送信することができる．

5) X3D Earthの目標

政府，学界，産業界の科学者や技術者などによるX3D Earthのワーキンググループでは，X3D Earth用のWebアーキテクチャに，XML言語とオープンプロトコルが使用される．特定の技術目標としては，次の項目がある．

- 惑星地球の背景X3Dモデルの構築
- 公私利用可能な地形データセットの利用
- 画像や地図作成の公的利用しているものを個人的利用への拡大
- X3D地理コンポーネント全体の使用の可能性
- 任意の場所用にリンク可能な場所の提供
- 物理モデルのためのフックの提供

オープンスタンダード，拡張機能やプロセスの利用の係る項目としては，次のようになる．

a. 動機

拡張3D（X3D）地球プロジェクトは，地理空間のコンテキストで実世界のオブジ

ェクトと情報構造のすべての方法を可視化するための標準ベースの3次元可視化インフラストラクチャを作成する．安定した商用ツールと非営利の国際的な基準を用いるモデルの保存特性については，長年アクセスができ，再現性の維持を保証する．新しい空間機能にはセマンティック Web と検索ベースの応用を含む．

b. X3D 適合プログラム

適合性試験プログラムに関しては，最近の PR のアナウンスを参照のこと．

c. Web3D Consortium と X3D 適合性試験プログラム

適合性試験プログラムは，複数のプラットフォーム間で多くのベンダーにより X3D 仕様の一貫性と信頼性の実装を促進するように意図されている．この一貫性は，ドライブの迅速な評価，展開，およびリアルタイムのインタラクティブな 3D 可視化のための X3D 標準の受け入れを支援している．

d. X3D シェーダ

リアルタイムグラフィックスのトレンドは，3D シーンで優れたグラフィックとリアリズムの追加を伝えるために，プログラマブル・シェーディングのためのハードウェア機能を提供することである．ハイレベルな手続き型シェーディングはハードウェアの抽象化手段でもある．X3D プログラマブルシェーダ・ワーキンググループは，X3D アーキテクチャフレームワークに高度な手続きシェーディングを統合するための仕様を開発するために形成される．

e. ワーキンググループの目標

抽象的な，ハードウェアとグラフィックス API に依存しない形式で，既存および将来の商品のグラフィックスハードウェアのプログラム可能なシェーディングパイプラインを表すことができる，新たなノードの集合を指定することができる．

既存の X3D のノードを持つこれらの新しいノードの相互作用も研究する．

6) GeoSpatial の概要

地理ワーキンググループは，X3D を使って地理データを表現するためのツールと推奨される方法の開発に焦点を当てる．目標は，非空間アプリケーションで表示される地図や 3 次元地形モデルなどの地理参照データを有効にすることと，Web サービスを介して空間および非空間データを統合することである．

X3D における地理空間プロファイルは，GeoVRML から派生していて，EXTERNPROTO 機構を介して実装できる．

7) DIS-XML の概要

DIS-XML ワークグループは，X3D で分配された対話的なシミュレーション (DIS) のサポートの開発に焦点を当てている。Web ベースの標準規格を開く目標として，モデリング&シミュレーション市場を開き，X3D 技術の DIS-XML ネットワークのサポートの可能性を模索しながら実証することである。X3D の DIS コンポーネントはすでに X3D 仕様の一部になっている

DIS は，軍事用途で使用され，エンティティの位置，速度，方向，およびそのような電子戦および供給物流など，より不明瞭な機能を含むデータの広い範囲をカバーしている。軍事シミュレーションに加えて，DIS は民生用アプリケーションでも使用できる。

X3D ワーキンググループの DIS は，DIS-Java ベースの VRML から派生した。これは，Java や XML を介して実装されている。

8) エリアネットワーキング

DIS-XML スキーマは，DIS 関連のオープンソースコードベースの継続的な開発や X3D 地理シーンに DIS 適用することを含み，X3D に DIS-特定のノード (s)，X3D 仕様の改訂，パケットの記録/再生，および XML スキーマベースのバイナリ圧縮 (XSBC) を含む。

9) H-Anim

ヒューマノイド・アニメーション (H-Anim) の標準では，デフォルトのスケルトンを取り入れた人間のモデルと触覚・運動のインターフェースのベスト・プラクティスは，共有アニメーションを有効にするために，ポーズをサポートしている。全体としての標準実装では，スケルトンをアニメートするために，人間の姿の関節とエンドエフェクタ階層へのアクセスとジョイントとジオメトリやアクセサリ内の個々の身体セグメントやセンサに関連付けられているため，皮膚の頂点を提供するモデルに依存しなくてもよい方法となる。

X3D H-Anim のための基礎は，ISO/IEC 19774 バージョン 2.0 で指定されている。抽象的な人間の形を指定するには，完全に規範的で有益な詳細を提供する。ISO/IEC X3D 抽象的，エンコーディング，および標準の SAI ファミリは，機能を表示するには，HAnimHumanoid モデルの環境を提供する。

X3D についての H-Anim のジョイント階層は，関連する皮膚と一緒に，適切な子

ジョイント,セグメント,右肘の部位の変位,手首,手の右の肩関節に適用される。また,回転の提供も行う。

現在のX3D H-Animの規格は,ほとんどの3Dモデリング,オープンソースのJAVA, JOGLで,Colladaのジェネレータと消費者,およびインポート/エクスポートで複数のWeb3D X3DとVRMLブラウザによって,アニメーションツールやX3D/VRMLプロトタイプに実装されている。

10) VizSim（XMSF）

拡張可能なモデリング・シミュレーション・フレームワーク（XMSF）は,建設的な仮想,ライブモードを含むだけでなく,従来のシミュレーション・フレームワークと,ますます重要な遠隔学習技術を統合するモデルとシミュレーションのスペクトル間の相互運用性をサポートするように設計されている。それは,分散シミュレーションの新世代を有効にするために,X3DとXML Web Serivcesを使用しているからである。

11) ソースの目的

X3Dソース&ツール開発ワーキンググループは,X3D仕様の実装およびユーティリティを開発することに焦点を当てている。それはオープンソースコミュニティに積極的に動作し,すべての技術者の参加を歓迎している。

また,簡単にアプリケーションにX3Dサポートを実装することができ,既存のアプリケーションからX3Dファイルをエクスポートすることを促進する。

スペックを確保するためのオープンソースコミュニティとのインターフェースは,他の基盤技術でうまく機能できるようになる。

12) X3Dコンフォーマンステスト

X3Dの適合プログラムは,複数のプラットフォーム間で多くのベンダーによりX3Dのサポートの一貫した実装を促進するために,適合する製品はX3D商標を使用することができるようになるので,X3D規格への適合性の客観的な定義を作成することを意図している。

13) X3Dプログラム用ブラウザ

Web用の3D-CG言語のX3D用ブラウザは,X3DとVRML用をサポートしている。例えば,初期においてはFlux Player, Octaga Player, FreeWRL, Xj3Dなどがある。ここでは,Flux Playerの入手方法とインストール先を紹介する。

インターネットにより下記の web サイトから Flux Player を入手できる。

　　http://web.archive.org/web/20070610090221/http://www.mediamachines.com/downloads.php

　この X3D Viewer を使う技術者のために，初歩的なプログラム例として，BOX を記述しておく。

◆直方体を表示するプログラム

```
 1. #   Web3D --- X3D 3.0
 2. #   Box を 3D 表示する
 3. PROFILE Interchange        # プロファイルの宣言
 4. Shape                      # ノードの定義
 5. {
 6.   geometry Box             # フィールドの定義
 7.   {
 8.     size 1.0 2.0 3.0       # サイズの寸法：幅，高さ，奥行き
 9.
10.   }
11.   appearance   Appearance  # フィールドの定義
12.   {
13.     material Material      # material フィールドで色の設定
14.     {
15.       diffuseColor 0.0 0.0 1.0    # 直方体に RGB 色を指定
16.     }
17.   }
18. }
```

　直方体を円錐にするには，6～9 行を下記のようにし，15 行を適当な配色に書き換えればよい。

```
 6. geometry  Cone
 7. {
 8.    bottomRadius  1.0       # 底面の半径のサイズ
 9.    height  2.5             # 高さのサイズ
```

5.3　ASCII の概要

アスキー（ASCII）はコンピュータや通信機器によく使われている文字コードで，

American Standard Code for Information Interchange の略称である。歴史的には 1963 年 6 月に，American Standards Association（ASA，後の ANSI）によって制定された。ASCII は，7 桁の 2 進数で表すことのできる整数値のそれぞれに，大小のラテン文字や数字，英文でよく使われる事柄などを割り当てた文字コードである。情報を表すのに 7 桁の 2 進数（10 進数では 0～127）を用いる。ASCII の規格化時は，ほとんどのコンピュータで扱う最小単位の byte は，8 bit であったので，8 bit 目は通信におけるエラーチェック用のパリティビットとして用いられた[5-3]。

1 文字を 8 bit（1 byte）では，256 種類の文字を扱うことができるが，ASCII が標準に定めていない文字を取り扱えるように，128 文字分の拡張領域があり，コンピュータメーカや国によって異なる文字が収録されている。日本では，拡張領域にカナ文字を収録したコード体系が「JIS X 0201」規格化されている。

1) ASCII_Export File のフォーマット

レンジ画像データを ASCII ファイルで保管すると，拡張子が（.txt）であるから解りやすい。ASCII ファイルをデータダンプすれば，図 5.1（a）ように展開され，そのまま解読できる。図（b）は受光強度画像である。これは CAD で使用するファイル形式であるために，継続性や拡張性に利便性を発揮できる特徴がある。

ただし，row データを展開することでデータ容量が多くなる問題を含んでいる。したがって，ある程度レンジ画像データの処理に慣れた技術者は，row データのバ

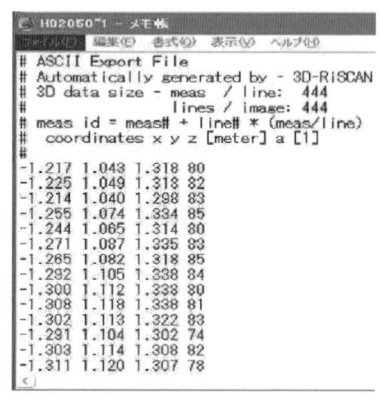

（a） ASCII ファイル（3D 座標と受光強度）　　　　（b） 受光強度画像

図 5.1　レンジ画像のテキストデータの事例

イナリで取り扱うことを奨励する。

2) ASCII_RGB_Export File のフォーマット

この ASCII_RGB_Export File では，上記の 3D 座標値と受光強度値の 4 種類のデータ列であったものが，カラー画像の三原色の RGB 値などが加わり，さらに，X, Y, Z 値を割り出す原データ項目が 3 種とデータ番号が加算されている[5-4]。

◆ダンプファイルリスト

```
# ASCII Export File
# Automatically generated by - 3D-soft
# 3D data size - meas / line: 750
#                  lines / image: 666
# meas id = meas# + line# * (meas/line)
# VARIABLES: R[m]_COR P[gon]_COR A[gon]_COR I X[m] Y[m] Z[m] D cl_8_r cl_8_g cl_8_b
# FORMAT: %8.3f %8.3f %8.3f %4.0f %8.3f %8.3f %8.3f %4.0f %4.0f %4.0f %4.0f
#
```

斜距離	極(垂直)角	水平角	受光強度	X 座標値	Y 座標値	Z 座標値	データNO.	R 値	G 値	B 値
0.000	0.000	0.000	0	0.000	0.000	0.000	0	0	0	0
0.000	0.000	0.000	0	0.000	0.000	0.000	1	0	0	0
	(途中省略)									
3.494	90.808	168.326	64	−3.038	1.650	0.503	73764	58	52	66
3.545	90.940	168.332	71	−3.084	1.674	0.503	73765	59	57	70
3.488	91.073	168.325	63	−3.035	1.648	0.488	73766	58	54	68
3.515	91.205	168.329	70	−3.059	1.661	0.484	73767	39	37	48
3.443	91.339	168.319	63	−2.997	1.628	0.467	73768	65	56	59

したがって，ASCII_RGB_Export File フォーマットのレンジ画像データ列には，斜距離，垂直角，水平角，受光強度，X 座標値，Y 座標値，Z 座標値，データNO，R 値，G 値，B 値の 11 種類のデータが 10 進法で順に並んでいる。

なお，画像は通常テキスト文字で作成も可能である。画像を ASCII 文字に変換するプログラムもあるので，ASCII 芸術家によって作成された ASCII アートに興味があるときは，GIFSCII を参照すると良い。

5.4 DXFの概要

DXF（Drawing Exchange Format）は，CADソフトウェアで作成した図面のファイルフォーマットで，CAD図面の情報交換における準標準的な存在である。2次元および3次元の図形をベクトルデータとして格納する。

米国のAutodesk社のCAD製品のAutoCADの異なるバージョン間のデータ互換を目的として設定されたが，内部の仕様が公開されていることから，多くのCAD製品で扱われるようになった[5-5]。

例えば，数多いCGソフトやCADソフトの中間ファイルフォーマットにも使用されている。また，点，直線，円弧，折れ線，スプライン曲線，3D面などの多くの種類の3Dモデルデータにも対応している。このためプログラミングの技術者は，DXF形式を取り扱うソフトウェアを比較的に容易に作成可能である。

一方で仕様上，各製品のデータ構造の差異を吸収できないことも多いので，個別のCADソフトウェア間では図面の完全な再現ができないことも多々ある。

大半の3DCGソフトウェアにおいて，ポリゴン形状データの汎用フォーマットとしてサポートされているが，UVマッピングなどの質感情報が受け入れられていないので，Wavefront obj形式や3ds Max形式などが用いられることも多い。

DXFには，アスキー形式（テキスト形式）とバイナリ形式とがあり，バイナリ形式のほうがより情報量を低減できるけれども，対応製品が少なく，ファイル形式としてはあまり普及していない。アスキー形式のDXFでは，データをテキストとして格納するため情報量が大きくなる欠点もあるが，その半面，内容が冗長となるために高率のデータ圧縮が可能とある。

なお，3DグラフィックツールでのDXFフォーマットでは，header，複数のpolygon，footerから構成される。

1) DXFのバージョン

a. バージョン「R12」

DXFファイルのファイル構造では，次の5つのセクションに分かれている。

- HEADER：CADのシステム情報，図面範囲等の図面情報を定義し，システム変数を識別させる。
- TABLES：線種，レイヤ，スタイル，行形式，ユーザ定義の座標系などの情報

を記述する。
- BLOCKS：モデルのインスタンス化されたブロック図を定義する。
- ENTITIES：図面を構成する各図形要素を定義する。
- END OF FILE：ファイルの終端を表示する。

b. バージョン「R13」

DXFファイルのファイル構造では，バージョン「R12」の5セクションに加えて，クラス部と非図形要素定義部の2セクションが追加され，CLASSES：（C++ライブラリのデータの定義）とOBJECTS：（GROUPとMLINEのデータの定義）の，計7セクションになった。

2) DXFの利用状況

設計図面をよく取り扱う分野としては，公共施設の設計をする建築・土木系の橋梁設計，ダム設計，火力・原子発電所，高速道路，一般道，鉄道路線基盤，ロープウェイ，港湾，トンネル，上下水道管網，競技場，工場，公官庁や私的施設設計のマンション・アパートなどのビル，家屋があり，電気・機械系では，野外・室内を問わず，ロケット，航空機，自動車のようなエンジンを搭載するものから，生産工場で製品の部品製造を行ったり組み立てたりする，オートメーション化に係る電子回路の設計などさまざまなCADソフトウェアが現存していて，シミュレータなどの追加機能と組み合わせた大規模な製品も多い。CADソフトウェアの取り扱う対象の複雑度によって，メインフレーム用，ワークステーション用，パーソナルコンピュータ（PC）用に分けられる。この中でもコンピュータの高速化と低価格化が進み，PC用CADが急速に発展してきている。これらの分野にレンジ画像データの利用は着々と浸透し続けているのが現状である。

5.5 VTK（Visualization Tool Kit）の概要

可視化ツールキット（VTK）の特徴は，大容量の画像データでも，スーパーコンピュータを使っても，可視化できるように考慮されている点にある。

また，3Dコンピュータグラフィックス，画像処理と可視化のためにオープンソースなので，自由に利用し応用性の広いソフトウェアシステムであるといえる。拡張子は，（.vtk）である。

VTK の構成は C++クラスライブラリと Tcl/Tk，Java，および Python など，いくつかの解釈インターフェース層をこの開発グループが作成し，ツールキットを拡張した Kit ware は，VTK の国際的なサポートやコンサルティングサービスを提供している．

　さらに，ポリゴンリダクション，メッシュスムージング，切断，コンタリング，Delaunay 三角形分割などの高度なモデリング技法や，スカラー，ベクトル，テンソル，テクスチャ，体積方法などを VTK に含めて，可視化アルゴリズムをサポートしている．

　そして，VTK は，広範な情報の可視化フレームワークを持っている 3D インタラクションウィジェットのスイートがあるので，並列処理をサポートしており，そのような Qt と Tk のような GUI ツールキットの種々のデータベースと統合することが可能である．また，VTK は，クロスプラットフォームであり，Linux，Windows，Mac および Unix のプラットフォーム上で動作も可能である．

ソフトウェアを入手するには，次のバージョンや複数の方法がある．

- リリース候補のダウンロード
- Download 最新のリリース
- 以前のリリースのダウンロード
- Git のソースコードリポジトリの Access
- Kitware からユーザーズガイドの Purchase

　Windows プラットフォーム用のインストーラは，基本的に他のインストールや構成を行わずに VTK TCL スクリプトを実行することができ，wish.exe の交換で vtk.exe が含まれている．

　Tcl/Tk は，静的に Windows インストーラにリンクされ，Python や Java のサポートについては，Linux または Macintosh システムのために，プラットフォーム用 CMake およびネイティブなビルドシステムを使用してソースコードから VTK をコンパイルできる．

　最新のリリースオプションはインストールが容易であるが，テストしてから使用するほうが安全である．アメリカでは，C++開発環境の医用画像処理を得意とするプログラマに重宝がられている傾向がある．

　拡張子（.vtk）のレンジ画像の可視化ツールも持たない技術者には，次に示す

ParaView をダウンロードし，使用することができる。

【VTK の歴史的背景】

VTK が 1993 年に，初めは利用仲間でのソフトウェアとして書籍を出版した。その後，Kitware の設立により VTK 共同体は急速に発展し始め，ツールキット用法はアカデミックな研究と商用アプリケーションへと拡大した。

VTK は，ほとんどの Petabyte データを処理するのにロスアラモス国立研究所大型 1024 プロセッサが使用され，2005 年に，VTK に基づいている ParaView が平面波を取り扱う航空機のリアルタイム・レンダリングに使用されている。

最近，VTK の作業には，情報学データの摂取，処理，およびディスプレイをサポートするためのツールキットの拡張がなされている。

1）ParaView の概要

ParaView（パラビュー）プロジェクトは，2000 年に Los Alamos National Laboratory の共同研究で立ち上げられ，2 年後，ParaView (0.6) をリリースし，5 年後には，ParaView (3.0) の開発をして，2007 年 May にリリースし，2009 年 July に ParaView (3.6) をリリースした[5-6]。

ParaView は，オープンソース，マルチ・プラットフォームのデータ分析，および視覚化アプリケーションである。ParaView ユーザは，質的かつ量的なテクニックを使ってそれらのデータを分析するために，視覚化を迅速に処理することができる。データ処理は，3D または ParaView のバッチ方式機能をプログラムに基づき対話的に使用できる。

2）Kitware 開発者のブログ

Kitware は，Kitware の研究開発チームと企業リーダーシップにより記述された。ブログは，具体的な Kitware ツールキット，製品，またはユーザコミュニティなどを援助するようにデザインされている。

このチームは自由にトピックを書くので，ブログにおいて見るものは，必ずしも全体としての Kitware を表さないかもしれないが，他の Kitware 員によるコメントが参考になる。コメントは，ポストと対話可能にしている。提案を提供し，Kitware ブログを通じてお互いにダイアログに従事するように勧めている。

ブログはトピックとブロガーにより分類される。したがって，具体的なテクノロジーエリアについての RSS に申し込むか，R&D チームの具体的なメンバーに申し

込むことができる。これはブログを通じて開発者のチームと連絡できる。

そして，プロセスでは，いくらかのフィードバックを手に入れて，どのように，リリースソフトウェアおよび新しいテクノロジーを開発することに取りかかるかという洞察力をもたらすことができる。

適切なクレジットが与えられる限り，このブログの素材は許可なしで再生されて，配布できる。

視覚化ツールキット（VTK）は，オープンソース，3Dコンピュータ・グラフィックス，画像処理，および視覚化ツールで自由に利用可能なソフトウェアシステムである。VTKは，Tcl/Tk，Java，およびピュトンを含むC++クラスライブラリおよびいくつかの解釈されたインタフェースレイヤーから成り立っている。

また，Kitwareは，VTKのためのプロフェッショナルなサポートとコンサルティング・サービスを提供する。

VTKには，スカラ，ベクトル，テンソル，テクスチャおよび容積測定の方法などの多種多様視覚化アルゴリズムがサポートされている。

そして，暗黙のモデリング，ポリゴン縮小，メッシュスムージング，切断，輪郭描写，およびドローネー三角測量などの高度なモデリングテクニックもある。

VTKは広い情報視覚化の枠組を持ち，3Dインタラクションウィジット，サポート並列処理のスイートを持ち，QtやTkなどのGUIツールキットのさまざまなデータベースと融合する。

Kitware, Inc.は，コンピュータビジョン，医学の画像処理，視覚化，3Dデータ出版，および技術のソフトウェア開発のフィールドで最先端，高品質ソフトウェアを作成し，サポートする。Kitwareは，柔軟で低価格の技術解決策を提供するために拡張されて，協力的なコミュニティを養育するオープンソース開発モデル，およびオープンソースビジネス・モデルを雇用している。会社のサービスと製品は，ソフトウェアサポート，コンサルティング，カスタムのアプリケーション開発，およびトレーニング，およびオープンソースソフトウェアシステムを入手する生産性ツールを含んでいる。

3) サポートサービス

Kitwareは，コンサルティングの複数のレベルをサポートサービスとして，援助ソフトウェア開発や組織の専門家のソリューションを提供している。サポートスタ

ッフは，技術的な質問に答えることにより，オープンソースソリューション，解決問題，クロス・プラットフォームの開発，ソフトウェア開発方法に向けて効果的に手助けしている。経験豊かなソフトウェアエンジニアは，カスタマイズされたクラス，ツールキット，プロトタイプ，エンドユーザ申請を発展させることができる。

4) オープンソース

① VTK：オープンソースは，世界中の研究者と開発者に使われ，視覚化ツールキットの VTK は，3D コンピュータ・グラフィックス，画像処理，および視覚化などで利用可能なソフトウェアシステムである。

② ITK：セグメンテーションと登録ツールキットの ITK は，VisibleHuman プロジェクトをサポートするオープンソースソフトウェアシステムである。現在，活発に開発されている ITK は，最先端セグメンテーションと登録アルゴリズムを 3 次元以上でも使用できる特徴を有している。

③ CMake：クロスプラットフォーム，オープンソース制作システムは，簡単なプラットフォームとコンフィギュレーションファイルを使ってソフトウェアコンパイルプロセスを制御するために用いられる。CMake は，選択のコンパイラ環境において使われるネイティブの makefiles とワークスペースを生成する。

④ ParaView：ParaView は，オープンソース，マルチ・プラットフォームで，平行している科学的な視覚化アプリケーションである。それは単一のプロセッサにおいも実行できるけれども，ParaView は，並列コンピュータにおいて稼働するようにデザインされているのが特徴である。

⑤ CDash：CDash は，オープンソースの世界中のクライアントから提出されたソフトウェアテストプロセスの結果を分析し表示する。

⑥ MIDAS：MIDAS は，大きく，科学のデータおよび関連したメタデータリポートの大規模なコレクションを蓄えるために最適化されたマルチメディアサーバである。MIDAS は，マルチメディアサーバテクノロジーを Kitware のオープンソースデータ分析と視覚化クライアントと統合できる。サーバは，データストレージ，アクセス，および収穫のためのオープンスタンダードに続いている。

⑦ VTKEdge：VTKEdge は，追加の機能を提供するために VTK の近くで構成される C++ クラスライブラリである。

⑧ IGSTK：IGSTK は，画像を伴う外科アプリケーションのための共通の機能を

提供するハイレベルのコンポーネントベースの枠組である。

⑨ BatchMake：BatchMake は大きいデータ量のバッチ方式のためのプラットフォームツールである。

5）Kitware のアナウンスと VTK 雑誌

最近，VTK コミュニティはオンラインの VTK ジャーナルを設立した。VTK ジャーナルのサポートとしては，関連する科学の成長を養育するために，アクセス出版，公開データ，オープンソースなどが関連している。記事やレビューの閲覧ができ，VTK ジャーナルに投稿可能である。

ジャーナルには記事が掲載され，VTK ユーザと開発者の間には，E メール通信が可能である。

Kitware のオープンなアクセスジャーナルは，MIDAS マルチメディアとデータ出版システムが築き上げられる。現在オープンソーステクノロジーである MIDAS は，Kitware が，自動化されたアップロードのサポートによって接待している文書，画像，データ，バッチ方式などの顧客ソリューションを築く一般枠組である。また，レビュープロセスのサポートに加えてデータ，コード，および文書を含んでいる管理会議の議事録，そして，データ中心のコンピューティングに組み込むことで，数値シミュレーション，最適化，人口分析なども処理できる。

6）関連サイト

バイナリとソースは，ParaView ウェブサイトからダウンロード可能で，ParaView 3.6.2 には以下の新機能と改良を含んでいる。

ピュトンインタフェースは改造されて，ParaView ピュトンインタフェースへの新しい拡張がある。この目的には，GUI のユーザの動作をまねた読み取り可能，過度な冗長，ピュトンスクリプトを生成する。

ParaView 3.6.2 は統計アルゴリズムのコレクションを含む。記述的な統計（平均，相違，最高値，歪み）の計算ができ，分割表の計算，k-法分析の実行，配列相互関係の調査，主成分分析の実行などができる。これらのフィルタについてのより多くの情報は，ParaView Wiki で入手可能である。

また，このバージョンには，VisTrails エクスプローラプラグインを Windows と Linux パッケージに含めている。VisTrails は，データ検索と視覚化のサポートを提供する，オープンソース科学ワークフローと管理システムである。

5.5 VTK (Visualization Tool Kit) の概要

　視覚化を作成することは，ユーザのステップを自動的に，透明に追跡する。新しい行動が実行されるときに，いつでもきれいにされる伝統的な取り消す／やり直すスタックと対比すると，ユーザが種々のパラメータと視覚化テクニックを探究するように，プラグインは完全な探検跡を捕らえる。

　VisTrails プラグインは，「.vt」ファイルについて視覚化のどのような状態であっても，回復させるために必要な情報のすべてを保存でき，ParaView セッションを横切ってリロードして協力者に分けることができる。これは複数の視覚化が単一のファイルで共有可能であることを示すものである。

　LANL の配布されるプラグインは，粒子がマスにより説明される「*.cosmo」フォーマットファイルを読み込んで処理することができる。これらの粒子は一般に星のマスを表している。ファインダーフィルタは，a-粒子を一纏めにできるアルゴリズムである。リンク距離標準を満した粒子を含むものでグループを形成する。宇宙論データフォーマット，発見アルゴリズム，および関連したフィルタインプリメンテーションは，LANL 宇宙論研究者，LANL 視覚化チームおよび国際的な協力者達によって可能にされる。

　comand ラインツールは，一般的なバイナリとして築かれる (PPC とインテル i386)。これは，単一のバイナリだけがあるため，どのようなアーキテクチャでもダウンロードする場合に，Mac の管理 ParaView を簡素化している。

　ParaView を改善するためには，http://paraview.uservoice.com/ を使い，その使い勝手をフィードバックする事が ParaView を発展させる。

　ParaView は，Linux, Windows, Mac の OS でもインストールでき，レンジ画像の点群の 3D データの利用だけでなく，ベクター表示，面の摘出，サブ領域抽出，流線表示，配列計算，モジュールを用いたプログラミングなども利用できる。

　フリーかつ高度な可視化ツール，ParaView の使い方とデータの準備の仕方は下記サイトを参照のことを奨励する。

　　　　http://d.hatena.ne.jp/kaityo/20091120/1258738842

公式サイトは，http://www.paraview.org/ からダウンロードできる。

　なお，ParaView の初期画面を図 5.2 に示し，ParaView の機能を要約すると次のようにまとめることができる。

　a. 点群表示　b. ポリゴン表示　c. ポリライン表示　d. 可視化フィルタ

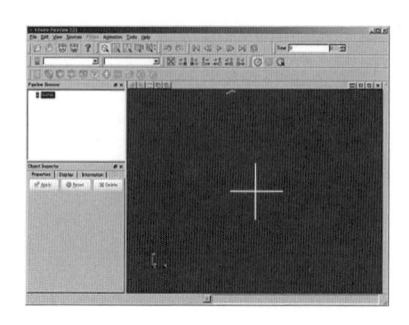

図 5.2 ParaView の初期画面

　e. スライス　f. クロップ　g. 座標変換処理など

　VTK の属性値の表現としては，スカラー値表現とベクトル値表現があり，アニメーション表現で可視化状態の保存も可能である。

　VTK の機能を確かめるために，Tcl などでサンプルを稼働させるのも 1 つの方法である。また，vtk と共に配布しているサンプルデータを ParaView で読み込み，表示してみる事をお勧めする。表示といっても，ただ読み込んでみるだけではなく，ParaView の機能を使って，VTK のフィルタ機能を単独で使ってみたり，組み合わせ（パイプラインでつなぐ）で用いたりして，可視化の手法を試行錯誤して実験してみるとより ParaView を理解できよう。

　VTK によるアプリケーションを作成する場合は，その機能や表示画像を ParaView で確認するのが効果的な方法であろう。

　コンピュータを使って，微分方程式を解く数値シミュレーションが試行できる機能があるので，さまざまな物理現象の多くを微分方程式によって表し，数値解を求めることができる。数値解析の手順の要約は，次のようになる。

　解析の準備としてまずメッシュの作成をする。プリプロセッシングとして，境界条件の設定，初期条件の設定，実行条件の設定を行い，解析の実行の結果の分析からポストプロセッシングをして可視化を行い，可視化結果の抽出をする。

　解析が終了して結果データを分析する。数値シミュレーションの特徴の 1 つは，解析対象を時空間的に細分割して高解像度のデータが得られるが，解析結果のデータは大容量となる。したがって，解析結果データをそのままで評価することは難しく，CG の技法によって解析対象の形状にデータを重ね合わせをして，人間が眼で

見て理解しやすいように視覚表現をする。この作業のことを可視化と呼んでいる。

これらの手法によって解析結果を評価することをポストプロセシングと云い，ポストプロセッシングを行うためのソフトウェアをポストプロセッサと呼ぶ。

シミュレーションの基本構成としては，まず，物体の初期位置を決定する。次に時間ステップと物体数だけを個々に繰り返す。そして，1つの物体にかかる力学計算から物体の受ける加速度が計算できる。そして，この加速度を受けた物体の速度を算出する。その速度で物体がどれだけどちらの方向に進むかがわかる。

シミュレーションの種類によっては「物体にかかる力を計算する」という部分が変化する。こうすることで，例えば，粉，土砂，原子，星，錠剤，血球，生物個体のモデル化や，多少計算モデルの構成を変えることで，流体の表現も可能で，結果の表示が画面上で観察できる。

7) 医用 3D 画像関係

医用の 3D 画像系では，商用ナビゲーションツールシステムとの連携研究が行われている。元来，脳神経画像処理ツールとして，脳実質の自動セグメンテーションや，脳アトラスの患者画像への統合，トラクトグラフィ，fMRI 処理等の機能開発を備えた 3D Slicer の応用，将来の商用ナビゲーションシステムの新機能の選択調査を行う取り組みがなされている。

その一例として，術中のトラクトグラフィとは，脳神経ナビゲーションシステムの位置センサを用いて，トラクトグラフィの起点のシードを指定し，神経トラクトグラフィを行うものである。手術前にあらかじめトラクトグラフィを用意してから手術に臨むのではなく，腫瘍と機能的に重要な神経軸索の位置関係を，手術状況に沿って観察できるという利点があり，かねてから実用化が望まれてきた。

ニーズの高い医療画像処理技術機能の項目としては，3 次元画像の生成，任意視点観察，医療画像入力とモデル出力，ボリュームレンダリング，3D 計測，クリッピング，ヒストグラム，セグメンテーション，フィルタ，DICOM 管理ツール，3D 矩形塗りつぶし，スライス編集，等値面生成と編集などがあげられる。

8) VTK フォーマット

VTK ファイルフォーマットのバージョンは，2010 年 1 月現在で VTK-Ver.4.2 である。VTK ファイルは，形状と属性を含み，ファイル名の拡張子には「.vtk」が用いられる。これはテキストとバイナリで記述される。

フォーマットの詳細仕様は，http://www.vtk.org/VTK/img/file-formats.pdf が参考になる。

VTK は C++用のライブラリなので，C# から使うときは，C++と C# の間にラッパーが必要となる。2011 年 1 月，Kitware 社はそれまで有償の VTK の C# ラッパー「ActiViz」をオープンソースとして無償提供してくれるようになっている（下記サイト参照）。

   http://www.kitware.com/products/activiz.html

VTK フォーマットファイルの先頭の Header 部分は，任意の文字列を書く。ASCII では，全部テキストで書く指定になっている。

"DATASET" の "UNSTRUCTURED_GRID" は，非構造格子のデータの事例で，次に記述する図5.3の基礎プログラムの "POINTS 3 float" は，三角形を描くものである。

```
# vtk DataFile Version 2.0
Header
ASCII
DATASET UNSTRUCTURED_GRID
POINTS 3 float
0 0 0
1 0 0
1 1 0
CELLS 1 4
3 0 1 2
CELL_TYPES 1
5
```

図 5.3　vtk のファイル構成の事例

参考のリンク先

  Kitware の VTK のページ：http://public.kitware.com/VTK/index.php

  Kitware のページ：http://www.kitware.com/

  VTK Wiki：http://www.vtk.org/Wiki/VTKvtkFLTK

5.6 その他の拡張子

1) rif ファイルフォーマット

公開されている rif フォーマットの画像とそのレンジデータは，シュツットガルト大学のレンジ画像データベースよりダウンロード（.jpg, .rif）することができる。JPEG 画像（400×400 画素）は，1 枚約 8 KB 程度である。また，rif ファイルは 1 枚約 1.8 MB 程度である。そのデータは，ヘッダー部とデータ部からなり，データ部の配列は，400×400 画素の場合：160 000 個連続して格納されている。公開されている rif フォーマット（.rif）のレンジ画像は，殆どが 1 画像ファイルの容量：100 MB 以下である。

rif ファイルのダンプリスト（フォーマット）を図 5.4（a）に示し，図（b）には，その点群データサンプルの dog の画像を示す。データと画像は次の URL からダウンロードしたものである。

http://range.informatik.uni-stuttgart.de/htdocs/html/

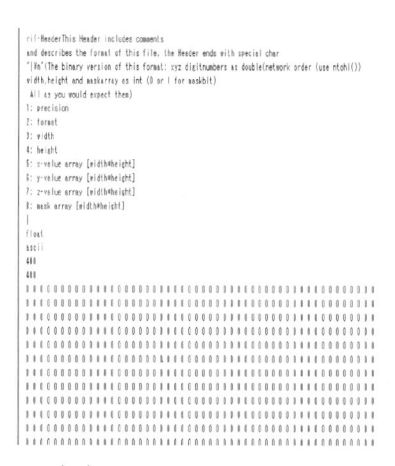

（a）rif ファイルフォーマット 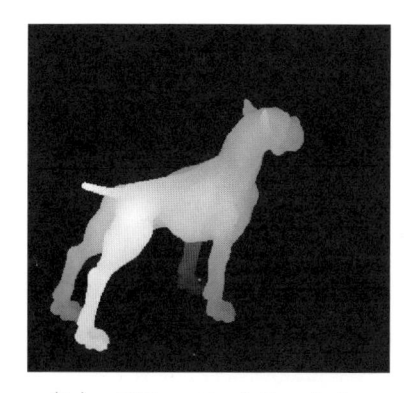　　（b）rif フォーマット Sample dog

図 5.4

2) ply ファイルフォーマット

このフォーマットは，スタンフォード大学で作られ用いられているものである。詳細は，スタンフォード大学の URL が参考になる[5-7]。

```
ply
format ascii 1.0
comment created by tri2ply
comment modified by sharepy
element vertex 34880
property float32 x
property float32 y
property float32 z
property float32 nx
property float32 ny
property float32 nz
element face 68467
property list uint8 int32 vertex_indices
end_header
234.891 -410 118.036 -0.0117754 0.00528975 -0.999917
225.457 -404 118.029 -0.00803923 0.00830616 -0.999933
222.008 -400 118.031 0.00823503 0.0095349 -0.99992
218.719 -410 118.047 -0.0228823 -0.0231281 -0.999471
218.045 -412 118.041 -0.501761 0.00599588 -0.864985
217.371 -412 118.714 -0.389802 -0.00140017 -0.923822
217.371 -401 118.695 -0.899852 0.0192472 -0.916598
238.26 -412 118.031 0.488738 0.00161118 -0.866175
245.672 -412 118.703 0.502792 0.0155322 -0.864268
244.898 -388 118.721 0.0411584 0.197555 -0.978427
245.672 -388 118.74 0.511958 0.219215 -0.830568
208.611 -410 119.397 0.048783 -0.0194873 -0.990619
```

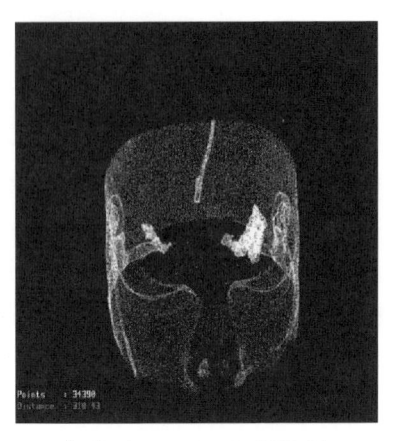

（a） ply ファイルフォーマット　　　　（b） Sample brain（VRML）

図 5.5

カメラ視点でのレンジデータも含まれるが，すでに全周囲データが格納されているファイルも存在するので融合処理の演習に利用できる。必要な (x, y, z) 座標と三角面の情報はすべてのファイルに含まれている。置物や銅像が主である。多くのファイルのヘッダーには，受光強度，法線ベクトル，カメラの焦点位置やピクセルサイズなどの情報がある。ASCII コードで書かれているので，演習や研究に使用するときは必要な情報だけを取り出して使用できる。

サンプルで取り上げるデータの並びは，1 画素ごとの x, y, z, 法線ベクトル，反射強度，RGB などとなっている。画素情報の後には面を構成するために必要な点のインデックスが用意されている。ply ファイルフォーマットのダンプリストを図 5.5（a）に示し，VRML 形式のサンプルデータを画像化したものを図（b）に示す。

3） osu のファイルフォーマット

このフォーマットは，オハイオ州立大学で使用されているものである[5-8]。

有効画素かどうかの flag 情報と X, Y, Z 座標は，すべてのファイルに含まれていて，ヘッダーには，画素数が（cf. 480×640）が記述されている。

ヘッダーとデータは ASCII コードで記述されていて，多くのレンジ画像には，1シーンごとにカラー画像（[ppm]，[tiff]，[png]，[jpg]）が付加されている。また，動画像のデータベースも存在するので，ビデオ画像を要する研究にも利用可

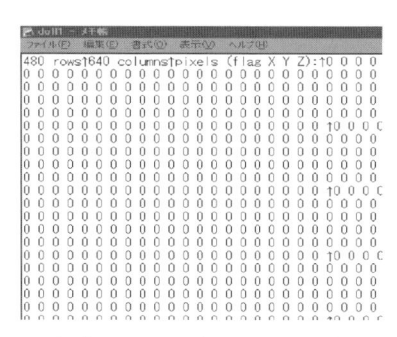

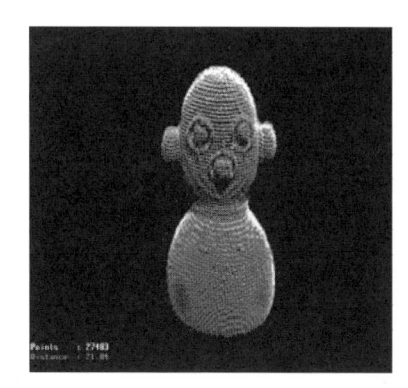

(a) osu ファイルフォーマット　　　(b) サンプルの doll (VRML)

図 5.6

能である．osu ファイルフォーマットのダンプリストを図 5.6 (a) に示し，VRML 形式のサンプルデータを画像化したものを図 (b) に示す．

4) Riegl のファイルフォーマット

レーザレンジスキャナ (LMS-210i) を用いて，ビルの廊下のレンジ画像 (444×444 画素) データを収集した[5-9]．撮影時に得られる 3DD 生データファイルを 16 進ダンプした事例を図 5.7 (a) に示し，これでは一般的には解読しにくいために，ASCII データに変換することによって，3 次元座標と受光強度を読み取ることができる．これを図 (b) に示した (ICI のサンプル使用)．

先頭部にヘッダー情報があり，その直後に点群データが連続していて，$X, Y, Z,$

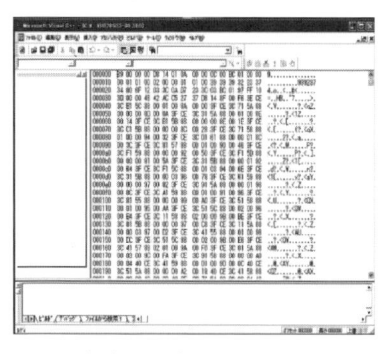

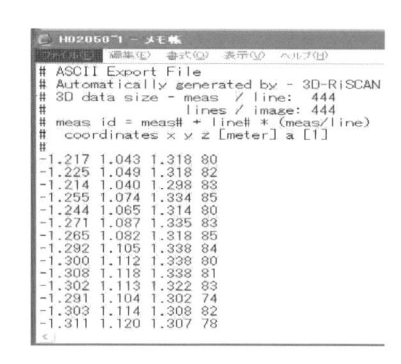

(a) 16 進ダンプリスト　　　(b) ASCII データに変換結果

図 5.7

受光強度の順に表示されている。

5) Mensi のデータフォーマット

フランス製の GS200 型などの Mensi 社スキャナは，RGB の取得も可能で，当初ボイラや発電用タービンの計測に使われていた。収集 3D データは，RIDA にサンプルとして提供されたものを使用した Mensi 社特有なもので，そのデータフォーマットは下記の項目などからなっている（図 5.8 参照）。

Mensi 社スキャナは，点群取得専用アプリケーション（PointScape）があり，

  ***.ppf ：起動ファイル

  ***.pcf ：本体

  ppi フォルダ：写真格納フォルダ

又は，

  ***.soi

でデータを保存する。

次に，点群編集ソフト（RealWorks Survey）が用意されており，

```
0000000                     2E 33 2E 50 53 7C 50 6F 69
0000010  6E 74 53 63 61 70 65 7C 50 6F 69 6E 74 53 63 61
0000020  70 65 7C 30 31 2F 30 31 2F 32 30 30 32 7C 30 30
0000030  3A 30 30 0A 23 44 48 23 30 31 2F 30 31 2F 32 30
0000040  30 32 7C 30 30 3A 30 30 0A 23 46 48 23 30 31 2F
0000050  30 31 2F 32 30 30 32 7C 31 32 3A 30 30 0A 23 53
0000060  4F 23 50 6F 69 6E 74 53 63 61 70 65 7C 50 6F 69
0000070  6E 74 53 63 61 70 65 0A 23 53 55 23 50 6F 69 6E
0000080  74 53 63 61 70 65 0A 23 50 56 23 53 74 61 74 69
0000090  6F 6E 5F 31 0A 23 43 4F 23 20 54 68 69 73 20 66
00000A0  69 6C 65 20 68 61 73 20 62 65 65 6E 20 0A 63 72
00000B0  65 61 74 65 64 20 62 79 20 50 6F 69 6E 74 53 63
00000C0  61 70 65 20 0A 20 0A 20 0A 20...............
.............
```

（a）　Mensi データの 16 進ダンプの事例

```
GS100|1.3.PS|PointScape|PointScape|01/01/2012|00:00
#DH#01/01/2002|00:00
#FH#01/01/2002|12:00
#SO#PointScape  |PointScape
#SU#PointScape
#PV#Station_2
#CO# This file has been
#PS#horizontal
#CP#-763184    3100   -28748|1002721  778200   627440
#CC#@@@@@@@@@@@@@@@@
#tp#obj|1001909  384531    7269
#pv#Object_1
#pm#afr|   1|   1
#am#1.0000|1.0000
#df#P 10|X li 6|Y li 7|Z li 7|L uc 4
#ns#1
#np#859657
#cp#-763184    3100   -28748|1002721  778200   627440
#pt#859657
1001609   384531    7266    30
1001673   384518    6425    39
1002721   384844    5814    79
1001926   384539    4954    86
 795767   305459  -16259    14
 689680   264743  -22736    10
 290755   111618  -19941     6
 278726   107000  -19516     7
 246625    94678  -18436    11
..............
..............
```

（b）　ASCII データ変換の大まかな部分

図 5.8

***.rwp　　　：起動ファイル

***.rwc　　　：本体

rwi フォルダ：写真格納フォルダ

でデータを保存する（その他に txt, dxf, dgn などのファイル形式で保存可）。

　Mensi 社推奨のビューワソフトとしては（RealWorks Viewer）がある。このソフトは，**.ppf，**.soi，**.rwp，**.txt，**.dxf などのファイルをオープン可能である。

　なお，RealWorks Viewer については，下記サイトから無償で入手できる。

　　　http://realworks-viewer.software.informer.com/

6）Optech 社フォーマット

　カナダの Optech 社のレーザ・スキャナの 3D データダンプリスト事例を図 5.9 (a)，ASCII データ変換の結果を図 (b) に示す（RIDA のサンプル使用）。

　上記の O データを ASCII データに変換したものを図 (b) に示してある。

```
00000000  ................  2A 2A 2A 2A 2A 2A 2A 2A         # I-SiTE Ascii Range Image
00000010  2A 2A 2A 2A 2A 2A 2A 2A 2A 2A 2A 2A 2A 2A 2A 2A   # Range Image:    : /scans/kohkyo4
00000020  2A 2A 2A 2A 2A 0D 0A 39 39 39 0D 0A 2A 20 20 20   # Created         : 28-Jan-
00000030  44 58 46 20 46 69 6C 65 20 2D 20 45 6E 74 69 74   # Description
00000040  69 65 73 20 4F 6E 6C 79 20 20 20 2A 0D 0A 39 39   # Scanner name
00000050  39 0D 0A 2A 20 20 20 20 20 20 20 33 44 20 44      # Scanner location: 0.000000 0.000000 0.000000
00000060  61 74 61 20 46 6F 72 6D 61 74 20 20 20 20 20 20   # Software
00000070  20 20 2A 0D 0A 39 39 39 0D 0A 2A 20 20 20 20 20   # Range units
00000080  20 4F 75 74 70 75 74 20 66 72 6F 6D 20 49 2D 53   #
00000090  69 54 45 20 20 20 20 20 20 2A 0D 0A 39 39 39 0D   # Data File Contents:
000000A0  0A 2A 20 20 20 32 37 2D 44 65 63 2D 32 30 30 34   # X-Coord Y-Coord Z-Coord Red Green Blue Intensity1
000000B0  20 31 39 3A 34 34 3A 30 37 2E 37 34 20 20 20 20   -14.029999 83.025996 -9.350000  12  12  12 68.000000
000000C0  2A 0D 0A 39 39 39 0D 0A 2A 2A 2A 2A 2A 2A 2A 2A   -13.950001 82.973004 -9.349000  --
000000D0  2A 2A 2A 2A 2A 2A 2A 2A 2A 2A 2A 2A 2A 2A 2A 2A   -13.902000 82.959000 -9.343000  15  15  15 70.000000
000000E0  2A 2A 2A 2A 2A 2A 2A 2A 0D ................       -14.408000 83.436997 -9.373999  10  10  10 66.000000
                                                            -14.372000 83.343998 -9.366000  10  10  10 65.000000
                                                            -14.328001 83.279001 -9.358000   2   2   2 60.000000
                                                            -14.097000 83.058000 -9.334000   7   7   7 64.000000
                                                            -14.050999 83.028998 -9.333000  18  18  18 71.000000
```

　（a）　Optech データの 16 進ダンプリスト　　　　（b）　ASCII データのダンプリスト

図 5.9

7）一般的な 3D 形状およびモデリング形式

　モデル形状や形式，オブジェクト幾何形式，3D 表示形式，モデリングと描画形式，CAD 関連形式，分子のモデル形式，共通データ要素などの拡張子をまとめて以下に示す。また，画像の係る，メディアの解像度と画像サイズについても追記しておく。

① 3D オブジェクト幾何形式

"PLY"-PLY 3D 幾何形式（.ply）　　　"VTK"-Visualization Toolkit 3D 形式（.vtk）

"OFF", "NOFF"-3D オブジェクトファイル形式（.off, .coff, .noff, .cnoff）

"OBJ"-Wavefront OBJ 形式（.obj）   "JVX"-JavaView 形式（.jvx）

"X3D"-X3D XML 幾何形式（.x3d）   "BYU"-BYU 3D 幾何形式（.byu）

"VRML"-Virtual Reality Modeling Language 形式（.vrml）

② モデリングおよび描画形式

"Maya"-Maya 実体ファイル（.ma）   "3DS"-3D Studio 形式（.3ds）

"POV"-POV-Ray レイトレーシングオブジェクト記述形式（.pov）

"LWO"-LightWave 3D ファイル形式（.lwo）   "RIB"-Renderman 交換形式（.rib）

③ CAD 関連形式

"DXF"-AutoCAD 2D，3D 形式（.dxf）   "STL"-光造形法形式（.stl）

"ZPR"-Z Corp. 3D プリンタ形式（.zpr）

④ 分子のモデル形式

"XYZ" "MOL" "PDB" など

⑤ 共通データ要素

"Graphics3D"-3D オブジェクトを表示するグラフィックスオブジェクト

"GraphicsComplex"-Mathematica GraphicsComplex オブジェクト

"VertexData"-頂点座標のリスト

"VertexColors"-頂点における色

⑥ メディア解像度

⑦ アナログもしくは簡易画像のサイズ

　352×240：ビデオ CD　300×480：Umatic, ベターマックス, VHS, Video8

　350×480：スーパーベターマックス，ベターカム

　420×480：レーザディスク，スーパー VHS, Hi8

　640×480：アナログ放送（NTSC）　670×480：拡張定義ベターマックス

　768×576：アナログ放送（PAL, SECAM）

⑧ デジタル画像のサイズ

　720×480：D-VHS, DVD, ミニ DV, Digital8, デジタルベータカム

　720×480：ダイドスクリーン，DVD（アナモフィック）

　1 280×720：D-VHS, HD DVD, ブルーレイ, HDV（ミニ DV）

　1 440×1 080：HDV（ミニ DV）

1 920×1 080：HDV（ミニ DV），AVCHD，HD DVD，ブルーレイ，HDCAM SR

1 998×1 080：2K Flat（1.85：1）　2 048×1 080：2K デジタルシネマ

4 096×2 160：4K デジタルシネマ　7 680×4 320：UHDTV

上記以外に，新しいフィルムをデジタル走査して，視覚効果のある配列 2 000，4 000，8 000（2K，4K，8K）にしたものがある。

35 mm フイルムは，2005 年から，1 080，2 000 行でスキャンされている。

演習問題

5-1　レーザスキャナのバイナリーデータのデータ列は，各製造メーカによって異なっている。そこで，種々のデータフォーマット変換をして利用されることが多い。この種々のデータフォーマット変換した形式の特徴を述べよ。

5-2　CAD によく利用されるフォーマット形式に DXF や ASCII 形式がある。この拡張形式の利便性について説明せよ。

5-3　3D 画像データフォーマットとその拡張子を表にしてまとめ，各特徴を簡潔に述べよ。

5-4　レーザスキャナのバイナリーデータがある。この内容が不明であるとき，どのように解読すればよいか，その手順を箇条書きにせよ。

5-5　レーザスキャナによる生データを vtk の拡張子に変換したものがある。このデータ群をビュア表示したい。どのようなビュアが使用可能か事例を示して，その特徴を述べよ。

第6章
レンジ画像データ処理

　レンジ画像処理のプログラミングをする言語には，JavaやC系言語がよく利用されるので，これらの紹介を簡単にしてから，第4章で解説してきた基本的な部分のレンジ画像データ処理のプログラミングのソースを添え，複数の言語単位に点群データを変えて，データの相互利用をできるように考慮して解説をする。

6.1　Java言語の概要

　Javaはアメリカの Sun Microsystems 社によって1995年にリリースされたプログラミング言語である。Javaの特徴としては，用いるコンピュータのハードウェアやOS（Windows, Mac OS, UNIXなど）に依存せず，各種プラットフォーム上で動作できることがあげられる。Javaでは仮想マシン（Java VM：Java Virtual Machine）と独自のバイトコードを採用することによってプラットフォーム間の互換性を実現している[6-1]。

　Java VMとは，Java用の「仮想のコンピュータ」ともいえるもので，実際に用いるプラットフォーム上にJava用の「仮想のプラットフォーム」を搭載し，そこでJavaのプログラムを動かすものである。また，プログラムの実行にあたり，一般的なコンピュータではCPUで実行するための機械語に翻訳され実行されるが，Java言語で書かれたプログラムはJava VMが理解できる形に変換され，Java VM上で実行される。ここでいうJava VMが理解できる形というのは「Javaバイトコード」と呼ばれる。

6.1.1　Javaの開発環境の構築

　Javaを開発するのに必要なJava SE Development Kit（以下，JDKと呼ぶ）の入手・コンピュータへのインストール・環境変数の設定の方法について説明する。JDKは改良が繰り返されるので，各時期におけるバージョンの確認が必要である。

ここでは，JDK のバージョンは 7（アップデートバージョン 5）32 bit Windows 版を例に説明する。

なお，下記に必要な各処理ウィンドウの詳細は，Web 付録-1 に掲載してある。

6.1.2 JDK の入手

JDK を入手するために，以下のダウンロードサイトにアクセスする（Web ブラウザで URL を入力する）。

> JDK ダウンロードサイトの URL
>
> http://www.oracle.com/technetwork/jp/java/javase/downloads/

すると，図 6.1 (a) の画面が表示される。バージョンが新しいと日本語版がないこともあるので，そのときはページの指示に従って適宜リンクをたどる。

Java SE Downloads のページが表示されたら，ページを下方へスクロールさせて，ダウンロードするバージョンの項目を表示させる。そして「Download」のボタンをクリックして，ダウンロードするファイルを選択できるページに移動する。

画面では，まず「Accept License Agreement」（ライセンスに関する同意をするかどうかの確認）のラジオボタンをクリックし，その下のファイルのリストから，ダウンロードするファイルについて，ファイル名のところをクリックする。Windows 用のファイルが 2 種類用意されているが，使用するコンピュータが 32 bit マシンであれば「Windows x86」用のものを，64 bit マシンであれば「Windows x64」用のものをダウンロードする。

ダウンロードをする際に，確認の表示が出るので，「保存」ボタンの右についている「▼」をクリックして，サブメニューから「名前を付けて保存」を選択する。保存先はデスクトップにしておく。ダウンロードが終わると，デスクトップ上にアイコンが表示される。

6.1.3 JDK のインストール

インストーラのアイコンをダブルクリックして，JDK のインストールウィザードを起動させる。図 6.1 に JDK ダウンロードサイトとインストールの起動画面を示す。

コンピュータへの変更を許可するかどうかの確認画面が表示されるので，「はい」

（a） JDK ダウンロードサイト　　　（b） JDK インストーラの起動

図 6.1

のボタンをクリックする．管理者権限のないユーザでログインしている場合には管理者のパスワードが要求されるので，必要に応じて入力する．

　インストールウィザードが起動されると，画面が順次表示されるので，特に設定を変更する必要がなければ「次へ」のボタンを順次クリックしていく．最後の画面で「継続」のボタンをクリックすると，今度は「JavaFX SDK」のセットアップ画面が表示される．

　JavaFX SDK のセットアップ画面で，順次「次へ」のボタンをクリックしてインストールを進める．

　一連のインストールおよびセットアップが完了したら，インストールされたフォルダおよびファイルを確認する．この後に環境変数の設定を行う際に JDK がインストールされているフォルダを入力する必要があるので，ここでフォルダの場所やフォルダ名を確認しておく．

6.1.4　コンピュータの環境変数の設定

　Java 言語でプログラミングを行うために，コンピュータの環境変数を設定する．

　まず，コントロールパネルを開き，「システムとセキュリティ」をクリックする．次に，表示される項目の中から「システム」をクリックする．次の画面では左側に並んでいる項目のうち「システムの詳細設定」をクリックする．

　「システムのプロパティ」ダイアログが表示されたら，「環境変数」のボタンをクリックする．次に，「環境変数」ダイアロが表示されるので，「システム環境変数」の中の変数「Path」をクリックして選択し，「編集」ボタンをクリックする．「シス

テム変数の編集」ダイアログが表示されたら，「変数値」の欄に次のものを半角英数で入力する．

　　　　"C:Program Files¥**jdk1.7.0_05**¥bin"

　なお，太字の部分はインストールした JDK のバージョンによって異なるので，インストールしたものを確認してから入力する．また，環境変数 Path にすでにいくつか項目が入力されていたら，前に入力されていたものの後ろに半角のセミコロン「；」を入力してから続けて上記のものを入力する．

　システム変数の変数値の編集が済んだら「OK」ボタンをクリックする．画面に戻るので，「OK」ボタンをクリックする．これで環境の設定が終了となる．

6.2　Java3D

　Java アプリケーション中で 3 次元グラフィックス[6-2]を取り扱うためのインターフェース API（Application programming interface）を提供しているのが，Java3D である．

　Java は特定のハードウェアやシステムには依存しないので，write once（一度，プログラムを書けばシステムごとに変更する必要はない）といわれている．シーングラフベース（木構造）のプログラミングや，vecmath（ベクトル・マトリックス演算）パッケージを始めとする豊富な API があるため開発期間が短縮できることが Java3D を用いるメリットであろう．また，アプレットとしてブラウザ上で実行でき，レンダリングの処理は，静的なものではなく，リアルタイムで実行されるので，CG のような動的処理に向いている．

　Java3D はそれ自身が直接グラフィックスをコントロールするわけではなく，グラフィックスをコントロールするシステムの上に構築された抽象的な存在である．将来，より多様なシステム上に Java3D が実装されることになったとしても，プログラマはそれぞれのシステムの内部に配慮する必要はなく，現時点で作成された Java3D の資産はそのまま利用可能になるので再利用に適している．

　また，Java3D のプリミィティブを多用すると開発効率がよく，改正を非常に容易に進めることができる[6-3]．

6.2.1 シーングラフの構造とプログラム

Java3D のアプリケーションで内容を表示するためには，表示の対象，視点（カメラ），物理的なスクリーンの 3 種類が必要である．

また，Java3D では表示の対象となる情景を，シーングラフ（Scene Graph）と呼ばれるツリー構造によって記述する．シーングラフの構成要素となるのは，その空間に存在する物体のほか，光源，音源，運動やイベント処理を行うオブジェクト，それらをグループ化するためのオブジェクトなどである（図 6.2 (a)）．

いま，三角形の 3 頂点を定義して，PC モニタに表示するプログラムのシーングラフの例を図（b）に示す[6-4]．図（c）は三角形のサンプルである．

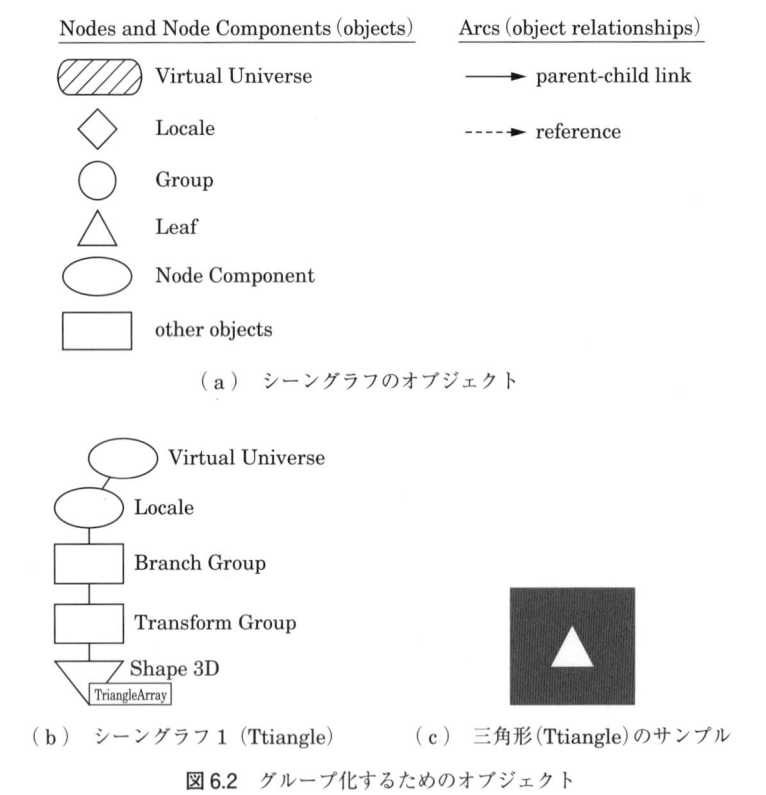

Nodes and Node Components (objects)
- Virtual Universe
- Locale
- Group
- Leaf
- Node Component
- other objects

Arcs (object relationships)
- ⟶ parent-child link
- ----▶ reference

（a）シーングラフのオブジェクト

Virtual Universe
Locale
Branch Group
Transform Group
Shape 3D
TriangleArray

（b）シーングラフ 1 (Ttiangle)　　（c）三角形(Ttiangle)のサンプル

図 6.2 グループ化するためのオブジェクト

◆三角形（triangle）ソースの一部

```
/*********************************************************/
// 「Point3d」配列を生成する
Point3d[] PeakPoints = new Point3d[3] ;
//3つの頂点座標を格納する
PeakPoints[0]= newPoint3d( 0.0, 0.5, 0.0 );
PeakPoints[1]= new Point3d( -0.5, -0.5, 0.0 );
PeakPoints[2]= newPoint3d( 0.5, -0.5, 0.0 );
// 「TriangleArray」を生成する
TriangleArray TriAGeo = New TriangleArray
(3, TriangleArray.COORDINATES);
// 「TriangleArray」に頂点座標を登録する
TriAGeo.setCoordinates( 0, PeakPoints );
// 「Shape3D」を生成する
Shape3D shape = new Shape3D();
// 「Shape3D」に「TriangleArray」を割り当てる
shape.setGeometry( TriAGeo );
```

◆サンプルソースプログラム

```
/* *********************************************************
 * この生成されたコメントの挿入されるテンプレートを変更するため
 * ウィンドウ > 設定 > Java > コード生成 > コードとコメント    */
package Sample01 ;
import javax.media.j3d.* ;
import javax.v*ecmath.* ;
import com.sun.j3d.utils.universe.SimpleUniverse ;
/** * @author yasuiyui
 * この生成されたコメントの挿入されるテンプレートを変更するため
 * ウィンドウ > 設定 > Java > コード生成 > コードとコメント    */
public class Sample01 {
        public static void main(String[] args) {
                // 「SimpleUniverse」を用いて3次元空間を生成
                SimpleUniverse suniverse = new SimpleUniverse();
                // 「BranchGroup」を生成する
                BranchGroup scene = new BranchGroup();
                // 「TransformGroup」を生成する
                TransformGroup gtrans = new TransformGroup();
                // 「Point3d」配列を生成する
                Point3d[] PeakPoints = new Point3d[3] ;
                //3つの頂点座標を格納する
```

```
            PeakPoints[0] = new Point3d( 0.0, 0.5, 0.0 );
            PeakPoints[1] = new Point3d( -0.5, -0.5, 0.0 );
            PeakPoints[2] = new Point3d( 0.5, -0.5, 0.0 );
            //「TriangleArray」を生成する
            TriangleArray TriAGeo =
            new TriangleArray(3, TriangleArray.COORDINATES);
            //「TriangleArray」に頂点座標を登録する
            TriAGeo.setCoordinates( 0, PeakPoints );
            //「Shape3D」を生成する
            Shape3D shape = new Shape3D();
            //「Shape3D」に「TriangleArray」を割り当てる
            shape.setGeometry( TriAGeo );
            //「TransformGroup」の下（子）に「Shape3D」を登録する
            gtrans.addChild(shape);
            //「BranchGroup」の下（子）に「TransformGroup」を登録する
            scene.addChild(gtrans);
            //「SimpleUniverse」に「BranchGroup」を登録する
            suniverse.addBranchGraph(scene);
            //「Transform3D」を生成する
            Transform3D viewTransform = new Transform3D();
            // 視点を移動する
            viewTransform.setTranslation(new Vector3d( 0.0, 0.0, 1.0/Math.
            tan(Math.PI/12.0 ) ));
            //「SimpleUniverse」に「Transform3D」を割り当てる
    suniverse. getViewingPlatform (). getViewPlatformTransform (). set
    Transform(viewTransform);
        }
    }
```

◆ Java3D テスト用アプレット

```
// ++++++++++++++++++++++++++++++++++++++++++++
//    Java3D テスト用アプレット
//    Shape3DTest.java   http://www.javaopen.org/j3dbook/index.html
// ++++++++++++++++++++++++++++++++++++++++++++
import java.applet.* ;
import java.awt.* ;
import javax.media.j3d.* ;
import javax.vecmath.* ;
import com.sun.j3d.utils.applet.MainFrame ;
import com.sun.j3d.utils.universe.SimpleUniverse ;
public class Shape3DTest extends Applet {
```

```java
  public Shape3DTest() {
    GraphicsConfiguration config =
      SimpleUniverse.getPreferredConfiguration();
    Canvas3D canvas = new Canvas3D(config);
    this.setLayout(new BorderLayout());
    this.add(canvas, BorderLayout.CENTER);
    SimpleUniverse universe = new SimpleUniverse(canvas);
    universe.getViewingPlatform().setNominalViewingTransform();
    BranchGroup scene = createSceneGraph();
    universe.addBranchGraph(scene);
  }
  private BranchGroup createSceneGraph() {
    BranchGroup root = new BranchGroup();
    Point3d[] vertices = new Point3d[6] ;
    vertices[0] = new Point3d(-0.9, 0.0, 0.0);
    vertices[1] = new Point3d(-0.6, -0.4, 0.0);
    vertices[2] = new Point3d(-0.2, 0.3, 0.0);
    vertices[3] = new Point3d(0.1, 0.0, 0.0);
    vertices[4] = new Point3d(0.3, -0.4, 0.0);
    vertices[5] = new Point3d(0.6, 0.1, 0.0);
    TriangleArray geometry =
      new TriangleArray(vertices.length, GeometryArray.COORDINATES);
    geometry.setCoordinates(0, vertices);
    Shape3D shape = new Shape3D(geometry);
    root.addChild(shape);
    return root ;
  }
  public static void main(String[] args) {
    Shape3DTest applet = new Shape3DTest();
    MainFrame frame = new MainFrame(applet, 500, 500);
  }
}
```

まず，レンジ画像の表示アルゴリズムを作成したので，Java3D を用いてレンダリング処理を前提とした，四角面の各頂点座標を3次元配列に格納し，三角面の定義を試みる．それらを対象物から複数個を構成し，得られた3次元座標データから，物体を Java3D で仮想空間中に構成して，マウスによる視点の移動ができるようにし，視点を変えた後，光源の位置を自由に変化させて画像表示ができる．

6.2.2 開発に必要な環境

レンジ画像を用いた開発をするには，データ解析，ベクトル演算，3D 表示が必要である．そこで，それらをサポートするための環境について概説する．

・Eclipse（統合開発環境）を使いこなせるまでは，オープンソースであるので，ネット上の資料が参考になる．

http://www.eclipse.org/downloads/index.php （ダウンロード先）

http://www.atmarkit.co.jp/ait/articles/0210/29/news002.html

・Java2 SDK での学習の準備をする．また，SDK のパスを設定する．

http://www.oracle.com/technetwork/java/javase/tech/index-jsp-138252.html

・Java3D の最新版をダウンロードする．

http://www.oracle.com/technetwork/java/api-141528.html（ダウンロード先）

・Java3D（3DAPI: Application Programming Interface）ライブラリに追加をする．

6.2.3 海外のレンジ画像データの準備

Java の開発で用いる，海外のサイトで公開されているレンジ画像データ処理方法と，これらに関する資料が公開されているので，シュツットガルト大学の rif フォーマットと，スタンフォード大学の ply ファイルフォーマットを以下に紹介し，これを用いる（第 8 章参照）．

a. rif ファイルフォーマット

シュツットガルト大学のレンジ画像データベースは，rif フォーマットをレンジ画像として採用しており，このレンジ画像をダウンロードできる[6-5]．

b. ply ファイルフォーマット

このフォーマットは，スタンフォード大学で作成されて用いられている．カメラ視点でのレンジ画像データもあり，すでに全周辺のデータが格納されているファイルもある．x, y, z 座標と三角面の情報は，すべてのファイルに含まれている．多くのファイルのヘッダは，受光強度，法線ベクトル，RGB 値，カメラの焦点位置やピクセルサイズなどから成っている．ASCII コードで記述されているため理解しやすく，ヘッダ部から処理に必要な情報だけを取り出すこともできる．

また，レンジ画像の対象が置物や銅像のため，コンパクトで分かりやすく，初心

者には適した教材であるといえよう。

　ASCIIコードデータの並びは，1画素ごとの x, y, z 法線ベクトル値となっていて，画素情報の後には，面を構成するために必要な点のインデックスも用意されている。

6.2.4　Java3D によるプログラミング
1）設定方法

　6.2.1 項では，三角面の各頂点座標を Point3D に格納し，これを TriangleArray にセットし，これを Shape3D にセットして三角面を定義するところまで述べた。ここで，レンジ画像データを事例にして，より具体的な設定方法を空間の定義，物体の定義，物体にリアリティを加える，物体の配置，イベント処理などの順序で示す[6-6]。

① 空間の定義は，VirtualUniverse という仮想空間をウィンドウ上に定義する。
② 物体の定義は，本稿では，人，家，木，地面，背景，戦闘機のそれぞれで行う。

　まずは，物体の設計だが，Java3D で用意している立体プリミティブには，立方体，直方体，円錐，円柱，球があり，平行移動や回転移動は，物体1つ1つに適用しなければならないため，プログラムが煩雑になる。そこで，QuadArray という四角形の頂点を格納する配列を利用する。この場合，物体の外形はすべてこの四角形配列で構成されているため，1つの物体として操作することが可能となる。

　IndexedQuadArray により，面の頂点を指定できる。ここで注意することは，表向きの面を定義するには，各頂点を反時計回りに QuadArray へ格納しなければならない。しかし，どちらがディスプレイ上の表であるかどうかわからない場合は，IndexedQuadArray により，両面の定義が容易にできる。

③ 物体にリアリティを加える。

　Java3D で光に照らされた物体を定義するのに必要なことを，以下に詳述する。Java3D の照明では，照明が有効になる領域と，光に照らされた物体に設定する反射，拡散などの表面属性を設定できる。光源は Light クラスで定義できる。光の種類は4種類あり，環境光（AmbientLight），平行光源（DirectionaLight），点光源（PointLight），スポットライト（SpotLight）である。光源は，光の色，光の方向，光源の位置，光の減衰定数が設定できる。光源がポリゴンを照明するとき，ポリゴ

ンの表面の「明るさ」を計算するためには，物体に当たった光が反射する「向き」についての情報が必要になる．光の方向ベクトルと，物体に設定した方向ベクトル（法線ベクトル）を使って，面の「明るさ」を計算する．Java3D では，頂点ごとに法線ベクトルを設定し，その手順は以下のようになる．

- 頂点配列を用意する．
- 法線ベクトル配列を用意する．
- GeometryArray. NOMALS を指定して GeometryArray を生成する．
- SetCoordinates () メソッドで頂点配列を設定する．
- SetNOMALS () メソッドで法線ベクトルを設定する．
- GeometryArray をコンストラクタ引数に Shape3D を生成する．
- Shape3D をシーングラフに追加する．

なお，法線ベクトルの算出は，Java3D が自動で行う．物体の色や輝度を設定するには，Material のクラスを用いる．併せて，Material の上層にある Appearance は，物体の外見を決定するための属性値を数多く持っている．

④ 物体の配置をする．そして，イベント処理に入る．

2) アルゴリズム

レンジ画像データを用いる Java プログラミングのソースについて概説する．

データアナライザ (*.data) とデータローダ (*.loader) の 1 セットが，まず必要であるから，ファイルの中身を分析するテキストエディタは，ここではサクラエディタを用いる (http://sakura-editor.apportal.jp/)．

データアナライザの読み込みファイル形式として ASCII コードを使用する．アルゴリズムのファイル読み込みからデータ取得までは次の通りである．

- ファイルを読み込む
- 1 行ずつ読む
- 不要な行を読み飛ばす
- ピクセル数（行数と列数）を変数に格納する
- データ部を 1 行ずつ読む
- Data クラスにその 1 行を渡して，x, y, z の順に座標値を読み取る

◆スタンフォードの例

```
/*********************************************************/
* ウィンドウ > 設定 > Java > コード生成 > コードとコメント */
package ply ;
/* ウィンドウ > 設定 > Java > コード生成 > コードとコメント */
/************1行のデータから個々のデータを取り出す **************/
public class Data {
    private int len, start, end ;
    private String line ;
    String data ;
                        // コンストラクタ
    Data (String l)
    {
        line  = l ;
        len   = line.length();
        start = 0 ;
        end   = 0 ;
        data  = new String ();  // 次のデータ
    }
                        // 次のデータの取り出し
                        //  = 0 : 成功, =-1 : 失敗
    int next()
    {
        int k = 0 ;
        if (start < len) {
            int sw = 0 ;
            while (sw == 0) {
            end = line.indexOf(" ", start);
            if (end >= 0) {
            if ((end - start) > 0) {
            data = line.substring(start, end);
                sw  = 1 ;
                }
            }
            else {
            end = len ;
            sw  = 1 ;
            if ((end - start) > 0)
            data = line.substring(start, end);
            else
                k = -1 ;
            }
```

```
                        start = end + 1 ;
                }
            }
            else
                    k = -1 ;
            return k ;
    }
}
```

以下のソースでは，ply ファイルを読み込み，先ほどの Data クラスを利用して，VRML に取得データを書き込む作業をしている．

```
    /*
     * この生成されたコメントの挿入されるテンプレートを変更するため
     * ウィンドウ > 設定 > Java > コード生成 > コードとコメント
     */
    package ply ;

    /*******************************************************/
    * この生成されたコメントは挿入されるテンプレートを変更するため
    * ウィンドウ > 設定 > Java > コード生成 > コードとコメント *********/
    import ply.Data ;
    import java.io.* ;
    public class ply_loader {
    public static void main(String argv[]) {
            try {
                    String str = null ;
                    Data dt ;
                    int n = 12, i = 0, j = 0 ; // 元数
                    FileWriter fw = new FileWriter("nko_ply.wrl");
                    BufferedWriter bw = new BufferedWriter(fw);
                    BufferedReader in =
                            new BufferedReader(
                              new InputStreamReader(new FileInputStream("skin2.ply")));
                    // ファイル名
                for(i = 0 ; i <= 4 ; i ++)         str = in.readLine();
                    dt = new Data(str);
                    dt.next(); dt.next(); dt.next();
                    int number ;
                    number = Integer.parseInt(dt.data);
```

```
              double array_x[] = new double[number] ; //x
              double array_y[] = new double[number] ; //y
              double array_z[] = new double[number] ; //z
              double array_normals_x[] = new double[number] ; //x
              double array_normals_y[] = new double[number] ; //y
              double array_normals_z[] = new double[number] ; //z
              for(i=0 ; i<=9 ; i++)        str = in.readLine();
              for(i=0 ; i<=number-1 ; i++){
                    dt = new Data(str);
                 dt.next();
                 array_x[i]= Double.parseDouble(dt.data); dt.next();
                 array_y[i]= Double.parseDouble(dt.data); dt.next();
                 array_z[i]= Double.parseDouble(dt.data);
                 str = in.readLine();
              }
                    //      [] = Double.parseDouble(dt.data);
              bw.write("#"+ "VRML V2.0 utf8 ¥n Shape{ ¥n" +
              "appearance Appearance { ¥n " +
              "material Material {emissiveColor 1 1 1 } ¥n" +
              " } geometry PointSet { coord Coordinate { point [");
              // 点の座標の出力
              for(i=0 ; i<=number-1 ; i++){
              bw.write(String.valueOf(array_x[i]) + " ");
              bw.write(String.valueOf(array_y[i]) + " ");
              bw.write(String.valueOf(array_z[i]) + "¥n");
                    }
bw.write("]¥n}¥n}¥n}");

              bw.flush();
              bw.close();
              //
} catch (IOException e) {
              System.out.println("表示中にエラー発生");
}

}
String open_filename = null ;
}
```

3） Java3D ポリゴンデータ処理の要約事項

① ポリゴンの表示

　背景，光源，色，マテリアル，輝度，透過度の設定 マウス操作可能

　入力ファイルポリゴンデータの入ったテキストファイル

② Java3D 用にポリゴンファイルを出力するプログラム

　入力：rif ファイル名（直接入力），ポリゴン txt ファイル名

　出力：txt ファイル

③ 点群データ処理

　JPEG 画像を読み込むクラス

　実行して，「ファイルを開く」を選択して，pitbull01.jpg などを開く

　マウスが乗っている点のピクセル，画素値を表示。2 点間の距離の算出

　その他の処理に用いるクラス

④ Flight Simulator のクラス

　キーイベントにおける振る舞いの設定するクラス

　仮想空間内におけるツリー構造をまとめるクラス

　メインクラスの入出力

⑤ 入力：各オブジェクトの配置条件，ビューモデルの選択，背景の定義，飛行機のテクスチャの定義，地面のテクスチャの定義

⑥ 出力：3D キャンバス（画面）

6.3　C# 言語の概要

　C 言語は，Pascal 言語などの影響を受けて AT&T ベル研究所の Dennis M. Ritchie が中心になって 1972 年に開発されたプログラミング言語で，Java，Java Script や C++言語に影響を及ぼし，C 系言語の開発基盤になっている。基本的な制御構造には，do/while，for，goto，if，return，switch，while，関数などがある。

　わが国では，1993 年に C 言語の原文を翻訳して，日本工業規格：JIS X3010-1993 プログラム言語 C として制定されている。

　C 言語を拡張してオブジェクト指向化した C++言語を経て[6-7]，ネットワークの普及に伴い，Visual C# 言語の発展に影響を与えているが，Visual C# 言語は，マイ

クロソフト社によって開発された，仮想機械方式のオブジェクト指向言語であり，CやVC++との互換性はない。C#（シーシャープ）は.NETにアクセスする手段の1つでもある。C#は国際標準化機構（ISO）によって標準化され，日本工業規格にも採択されている[6-8]。C#のバージョンも2012と進んでいるので，プログラミングをする技術者は，JavaやC#などの利用に対しては，時代相応の最新のバージョンを利用するように心掛ける必要がある。

なお，C#の接尾辞'#'は，音楽のシャープ（♯，MUSIC SHARP SIGN（U + 266F））ではなく，ナンバーサイン（#）を採用している。

6.3.1　Visual C++ 起動の仕方

Visual C++の起動の仕方に触れておく。Visual C++をこれから手掛ける方のために資料を作成した。

Visual C++はインストールされていることとし，起動の順序を要約する。

　　　［Windows 画面左下のスター］→［すべてのプログラム］
　　　　→［Microsoft Visual Studio 2012 または Microsoft Visual C++ 2012］
　　　　→［Microsoft Visual C++ 2012］

プロジェクトの新規作成は，アプリケーションを作成するのに複数のファイルを扱う必要がある。これらのファイルを管理してくれるのがプロジェクトである。

　　　［ファイル］→［新規作成］→［プロジェクト］→［MFC AppWizard（exe）］
　　　　→プロジェクト名に「Test」を入力→［OK］→［SDI］→［終了］→［OK］

コンパイルして実行するには，［ビルド（F7）］→［実行（Ctrl + F5）］→　これでウィンドウが表示される。

6.3.2　わが国の ASCII データの準備

レーザスキャナによるレンジ画像データの取得は，データ収集範囲が十分確保されていることを確認して保存する必要がある。データ収集範囲が広すぎるときは，対象希望領域をマウスなどで選択縮小して，データの保存をする。適度のデータ収集が，後のレンジ画像処理業務を軽減するからである。

収集データは，メーカ特有のバイナリーフォーマットで保管されるため，ここでは，原データから ASCII データに変換した RIDA 保有のサンプルを使用する[6-9]。

6.3.3 レンジ画像表示

レーザスキャナの飛空時対応のデータを画素単位に表示する画像には，擬似カラー距離画像，レーザ光（近赤外）距離画像，RGB 画像がある。

擬似カラー距離画像は，レンジ画像の各画素に距離情報を保有しているので，計測点から近くを赤，中間を緑，遠方を青とした撮影距離に対して，可視波長のカラーバーの色を割り当てることによって，点群データの距離を，グローバルに視覚表示したものである。

レーザ光画像は，レーザ光の波長によって，赤，緑，近赤外などに分かれるが，ここでは，近赤外距離画像のサンプルを例示する。

RGB 画像は，CCD 画像と同様であるから，シーンの視覚が自然色のため，画像処理技術者に好まれる傾向にあるが，太陽光の強弱を受けるため，夕方や陰の部分は黒っぽくなる影響が強く，日当たりの良い物体以外に，適用効果が薄れてしまう傾向にある。

1) レンジ画像表示プログラム

生データから ASCII データに変換したとき，点群位置 (x, y, z) の Intensity の値が読み取れる。しかし，点群位置 (x, y, z) と Intensity 値を関連付けて画像上平面で視覚判定しないと，諸物体とデータの関係は理解できない。そこで，Visual C++ を用いて ASCII データからレンジ画像表示のプログラムを作成してみる。このプログラムを作成することによって，Visual C++ 技術者は，レンジ画像解析の扉が開かれ，すでに身に付けている画像処理技術が開花しよう。

テキストファイルを読み込む関数を作成するには，まず，メニューを作成する。

【開く】の下に【レンジ画像を開く】を追加する。ID は（ID＿RANGEFILE＿OPEN）とする。

同様に，ClassWizard で関数のコードを編集する。

【クラス名】は "CImageProcessingDoc" と，【ID】は "ID＿RANGEFILE＿OPEN"，そして，【メッセージ】は "COMMAND" と指定する。

以下のコードを入力する。OnFileImageopen () を参照。

2) ソースリスト

レンジ画像を表示するプログラミング・ソースリストを以下に示す。

◆リスト6-7（a）

```
00 void CImageProcessingDoc : : OnRangeimageOpen()
01 {// ビューのポインタを取得する
02 CImageProcessingView*pView＝
03 ((CImageProcessingView*)((((CFrameWnd*)AfxGetApp()-＞m_pMainWnd))
   -＞GetActiveView())) ;
04 // ファイルを開くダイアログを作成する
05 CFileDialog cDlg(TRUE, "txt", "*.txt", OFN_HIDEREADONLY | OFN_OVER
   WRITEPROMPT,
06 "TXTfiles(*.txt)|*.txt||", NULL) ;
07 // ファイルを開くダイアログのタイトルを設定する
08 cDlg.m_ofn.lpstrTitle＝"TXT ファイルを開く" ;
09 // ファイルを開くダイアログを開き，ファイルが指定なきときは return する
10 if(cDlg.DoModal() != IDOK)return ;
11 // ダイアログで指定されたファイル名を取得し，それをアプリケーションのタイトル
   に設定する
12 SetTitle(cDlg.GetFileName()) ;
13 // ビュークラスの OpenTxtFile 関数を実行する
14 pView-＞OpenTxtFile(cDlg.GetFileName()) ;
15 }
```

注：すべての PGM を TXT に変えている。

CImageProcessingView にメンバ関数の追加

　型は void, 宣言は OpenTxtFile (CString strFileName)，アクセス制御は，Public である。基本的には，OpenPgmFile 関数と同じと考えてよい。

◆リスト6-7（b）

```
00 void CImageProcessingView : : OpenTxtFile(CString strFileName)
01 {
03 FILE*tmp[256] ; // ファイルは読み込みファイルのファイルポインタ
04 cbartmp【256】; // ファイルから読み込んだ文字列を保存するバッファ
05 inti, j ; // 作業用変数
06 int k＝0 ; // 作業用変数
07 int passive＝0 ; // 受光強度の変数を宣言
08 double x＝0, y＝0, Z＝0 ; //x, y, z の座標値を代入する変数を宣言
09 // 読み込みファイルのオープン
10 if((fin＝fopen(strFileName, "r"))＝＝NULL) {
11 MessageBox("ファイルを開けませんでした","ERROR") ;
```

```
12  return ;
13 }
14 // コメント行を読み飛ばす
15 do{
16  fgets(tmp, 256, fin) ;
17 } while(tmp[0] == '#') ;
18 // 幅と高さの代入
19  ImgHeight = 444 ;
20  ImgWidtb =  444 ;
21 // 最大階調度の代入
22  ImgGrayLeve1 = 255 ;
23 // 使用済みの画素階調度データ用のメモを確保
24  if(ReadFileFlag == TRUE){
25  deleteDImgSourceData ;
26  deleteDImgSbowData ;
27 }
28 // 画素階調度データ用のメモリを割り当てる
29  ImgSourceData = new char[ImgHeigbt*ImgWidth] ; //cbar は int
30  ImgShowData = new char[ImgHeigbt*ImgWidth] ; //cahr は int
31  if(ImgSourceData == NULL|| = ImgSbowData == NULL){
32  MessageBox("メモリを確保できませんでした","ERROR") ;
33  ReadFileFlag = FALS ;
34  return ;
35 }
36  ReadFileFlag = TRUE ;
37 // 画素階調度データの取得
38  for(i = 0 ; i < ImgHeigIlt ; i++){
39  for(j = 0 ; j < ImgWidth ; j++ > {
40  fscanf(fin, "%f%f%f%d", &x, &y, &z, &passive) ; //テキストファイルからの読み込み
41  ImgSourceData[i*ImgHeight + j] =
42  ImgSbowData[j*ImgWidth + i] = passive ; // 画素配列に受光強度を代入
43 }
44 }
45 // 読み込みファイルのクローズ
46  fclose(fin) ;
47 // メモリデバイスコンテキストに画像データを描画する
48  WriteImage() ;
49 }
```

3) プログラムの実行とその結果

プログラムの実行をすると，ディスプレイにレンジ画像が表示される。メニュー

には,ファイル(F)画像処理(P)ヘルプ(H)が表示され,その下に Intensity 画像が B/W で表示される。下記の会津大学校内の図 6.3 (a) の Blue は,Intensity の反射がないことを示すためにカラー化しているが,本来 Black である。なお,画像が回転しているときは,修正する必要がある。

レンジ画像の Intensity 表示が可能になったので,拡張処理をするとすれば,x(奥行き)方向の距離に応じて,近距離から遠距離に向かって,RGB のカラーで配色する。すると,次のような画像(図 (b))が表示される。

さらに,レーザスキャナ装置に RGB センサーが備えてある場合は,ローデータからカラー画像が再生可能である。

(a) 近赤外線レンジ画像の表示結果　　(b) レンジ疑似カラー表示

図 6.3(口絵⑥参照)

6.4　Visual C++ 2012 Express による レンジ画像表示プログラム

Visual C++ 処理をする技術者用に,ASCII データからレンジ画像表示をするプログラムを少々拡張して,レンジ画像を保存可能にし,さらには,画素単位の 3 次元座標値を表示できるプログラムを次に示す[6-10]。

1) レンジ画像処理プログラム使用方法
① 実行形式のファイル(range02.exe)をダブルクリックして起動する。

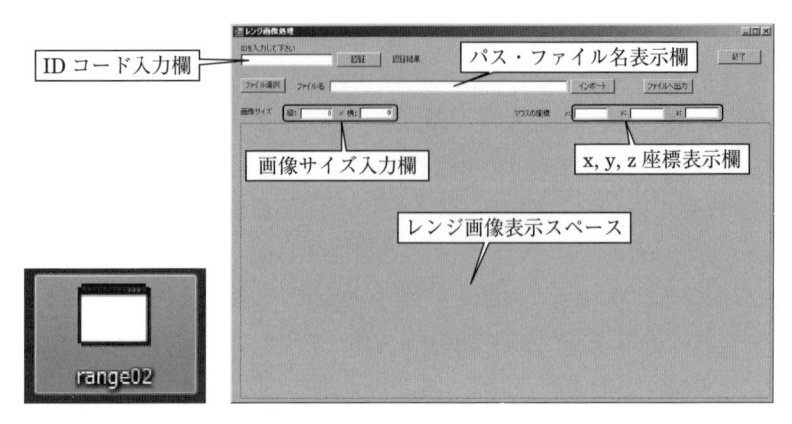

図 6.4 range02.exe のアイコンと表示ウィンドウのフォーム構成

図 6.5

② 図 6.4 のウィンドウが表示されるので，図 6.5 に認証 ID コード：RIDA 0123456789 を入力し，「認証」ボタンをクリックする．
③ ID が正しければ「認証 OK」と表示され，ID が誤っていた場合にはプログラムが強制終了される．
④ 次に，「ファイル選択」ボタンをクリックして，開きたいレンジ画像データのファイルを選択する．
⑤ 「レンジ画像データファイルの選択」のダイアログが表示されるので，開きたいファイルを選択する．なお，ファイルの形式は，ASCII (*.txt) を選択できるようになっている．
⑥ ASCII 形式のファイルを開く場合，「画像サイズ」の欄に縦と横のサイズを入力し，ファイル（拡張子が「.txt」のもの）を選択してから「インポート」ボタンをクリックする．
⑦ 表示されているレンジ画像内でマウスの左ボタンをクリックすると，「マウスの座標」の欄に図 6.6 のように，x, y, z の座標値が表示される．
⑧ 表示されているレンジ画像を一般の画像形式で保存する場合，「ファイルへ出

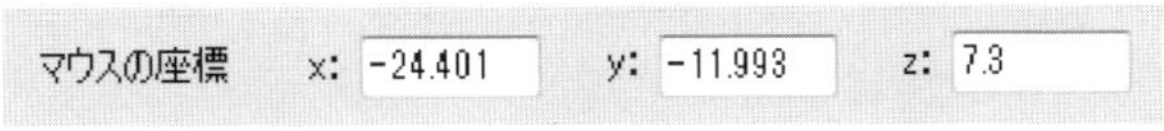

図 6.6

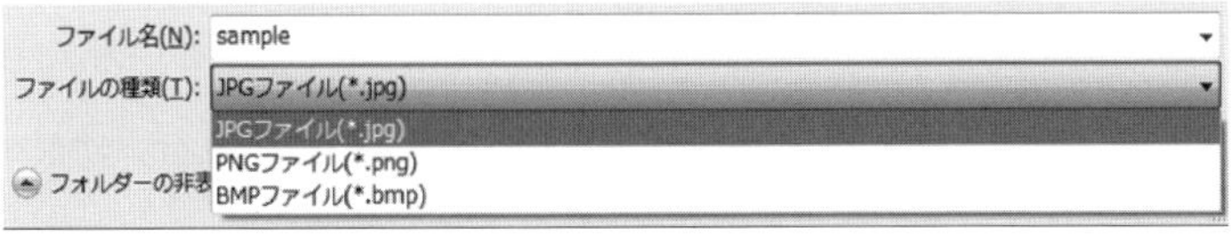

図 6.7

力」ボタンをクリックする。このプログラムでは，図 6.7 のように JPEG 形式，BMP 形式，PNG 形式での保存が可能である。指定された場所に指定された名前と形式で画像が保存される。

2）ソースプログラム
◆**ソースリスト** 6-4-2-a（コメント付き）

```
//「認証」ボタンがクリックされたときの処理
private : System : : Void button1_Click(System : : Object^ sender,
System : : EventArgs^ e) {
    String^ id ;          //ID コードの文字列変数
    id = textBox1-> Text ;   // テキストボックス 1 から入力された ID コードの取得
    // 入力された ID コードの判定
    if(id == "RIDA0123456789") {   //ID コードが正しいときの処理
        chk = 1 ;                // フラグ chk を 1 とする（認証が正を示す）
        label2-> Text = "" ;     // ラベル 2 のクリア（前に認証 NG だと消す）
        textBox1-> Text = "認証 OK";// テキストボックス 1 へ「認証 OK」の表示
    }
    else{                //ID コードが正しくないときの処理
        chk = 0 ;         // フラグ chk を 0 とする（認証が正しくないことを示す）
        label2-> Text = "NG" ; // ラベル 2 に「NG」と表示
        exit(0);              // この処理を強制終了
    }
}
//「ファイル選択」ボタンがクリックされたときの処理
private : System : : Void button2_Click(System : : Object^ sender,
System : : EventArgs^ e) {
    if(chk == 1) {              // 認証が済んでいるかどうかの判定
        //「ファイルを開く」ダイアログの生成
```

```
        OpenFileDialog^ openFileDialog1 = gcnew OpenFileDialog();
        // 開くファイルの形式（フィルタ）の設定
        openFileDialog1-> Filter = "ASCII ファイル(*.txt)|*.txt";
        // ダイアログのタイトルの設定
        openFileDialog1-> Title = "レンジ画像データファイルの選択";
        // 設定したダイアログの表示
        openFileDialog1-> ShowDialog();
        // ダイアログで指定されたファイルのパスおよびファイル名の取得
        String^ fin_name = openFileDialog1-> FileName;
        // 取得したファイルのパスおよびファイル名をテキストボックスに表示
        textBox4-> Text = fin_name;
        // ファイルの拡張子の設定
        data_type = openFileDialog1-> FilterIndex;
    }
}
//「インポート」ボタンがクリックされたときの処理
private: System::Void button3_Click(System::Object^  sender,
System::EventArgs^  e) {
// ファイル名として「ファイルを開く」ダイアログから得られたパスおよびファイル名を設定
    String^ fileName = textBox4-> Text;
    char*pStr = (char*)System::Runtime::InteropServices::Marshal::
                        StringToHGlobalAnsi(fileName).ToPointer();
    FILE *fpi;                              // ファイルポインタ
    unsigned char bdata[8], light, r, g, b; // 符号無し1バイトデータの変数
    short int lscan, fscan, range;          //2バイト整数型の変数
    double flscan, ffscan, frange;          // 各スキャン角および距離
    double t;                               // 地上距離
    float cof;                              // 機械係数
    int i, j, k, l1, l2;                    // ループ制御変数
    char buff[50];                          // 文字格納用バッファ
    double sw;
    // 設定したパスおよびファイル名によるファイルのオープン
    if((fpi = fopen(pStr, "r"))== NULL) {
        exit(0);
    }
    // 最初のヘッダ情報の読み飛ばし
    for(i = 0; i < 7; i++) {
        fgets(buff, 50, fpi);
    }
    //ASCII データのサイズに関する情報の取得（テキストボックス2および3から）
    points = int::Parse(textBox3-> Text);
    lines = int::Parse(textBox2-> Text)-7;
```

```
        // ビットマップオブジェクトの生成
        Bitmap^ bmap = gcnew Bitmap(points, lines);
        int inten ;
        // ファイルからのデータの読み込み，配列への 3 次元座標の設定
        for(j = 0 ; j < points ; j ++) {
            for(i = 0 ; i < lines ; i ++) {
                fscanf(fpi, "%lf.3", &pos[i][j][0]);      //x
                fscanf(fpi, "%lf.3", &pos[i][j][1]);      //y
                fscanf(fpi, "%lf.3", &pos[i][j][2]);      //z
                fscanf(fpi, "%d", &inten);           //i
                pos2[i][j][0]= pos[i][j][0] ;
                pos2[i][j][1]= pos[i][j][1] ;
                pos2[i][j][2]= pos[i][j][2] ;
            }
        }
        // 地上距離の算出と画素値の決定
        for(j = 0 ; j < points ; j ++) {
            for(i = 0 ; i < lines ; i ++) {
                for(k = 0 ; k < 3 ; k ++) {
                    pos[i][j][k]= pos2[i][j][k] ;
                }
                // 地上距離の算定
                t = sqrt(pos[i][j][0]*pos[i][j][0]+ pos[i][j][1]*pos[i][j][1]
                                                 + pos[i][j][2]*pos[i][j][2]);
                // t の値に基づいた配色の決定
                if((t == 0)||(t > 250)){r = 0 ; g = 0 ; b = 0 ; }
                else if(t <= 50){r = 255 ; g =(unsigned char)(5.1*t); b = 0 ; }
                else if(t <= 100){r = 255-(unsigned char)(5.1*(t-50));g = 255 ; b = 0 ;}
                else if(t <= 150){r = 0 ; g = 255 ; b =(unsigned char)(5.1*(t-100));}
                else if(t <= 200){r = 0;g = 255-(unsigned char)(5.1*(t-150)); b = 255;}
                else if(t <= 250){r =(unsigned char)(5.1*(t-200)); g = 0 ; b = 255 ; }
                // 各画素の色の設定
                bmap-> SetPixel(j, i, Color : : FromArgb(r, g, b));
            }
        }
        // ピクチャボックスへの画像の表示
        pictureBox1-> Image = bmap ;
        // ファイルのクローズ
        fclose(fpi);
}
// 「ファイルへ出力」ボタンがクリックされたときの処理
private : System : : Void button4_Click(System : : Object^  sender,
```

```
System::EventArgs^ e) {
    // ビットマップクラスの生成
    Bitmap^ bmap = gcnew Bitmap(points, lines);
    // ピクチャボックスに表示されている画像をビットマップオブジェクトとして格納
    bmap =(Bitmap^)pictureBox1-> Image ;
    //「ファイルを保存」ダイアログの生成
    SaveFileDialog^ saveFileDialog1 = gcnew SaveFileDialog();
    // ファイルの種類(フィルタ)の設定
    saveFileDialog1-> Filter = "JPG ファイル(*.jpg)|*.jpg|PNG ファイル(*.png)
                                |*.png|BMP ファイル(*.bmp)|*.bmp" ;
    // ダイアログのタイトルの設定
    saveFileDialog1-> Title = "距離画像ファイルの保存" ;
    // 設定したダイアログの表示
    saveFileDialog1-> ShowDialog();
    // ファイルの種類別の保存
    switch(saveFileDialog1-> FilterIndex){
        case 1:     bmap-> Save(saveFileDialog1-> FileName, Imaging ::
                                ImageFormat :: Jpeg); break ;
        case 2:     bmap-> Save(saveFileDialog1-> FileName, Imaging ::
                                ImageFormat :: Png); break ;
        case 3:     bmap-> Save(saveFileDialog1-> FileName, Imaging ::
                                ImageFormat :: Bmp); break ;
    }
    this-> Refresh();
}
// マウスが画像内でクリックされたときの処理(三次元座標の取得と表示)
private : System :: Void pictureBox1_MouseClick(System :: Object^ sender,
                    System :: Windows :: Forms :: MouseEventArgs^ e) {
    int x = e-> X ;
    int y = e-> Y ;
    double px, py, pz ;
    // マウスの位置がデータの範囲内かどうかの判定
    if(x > 0 && x < points && y > 0 && y < lines) {      // マウスが画像の範囲内
でクリックされたときの処理
        if(e-> Button == Windows :: Forms :: MouseButtons :: Left) {// 左クリック
                px = pos[y][x][0] ;         //x 座標の取得
                py = pos[y][x][1] ;         //y 座標の取得
                pz = pos[y][x][2] ;         //z 座標の取得
            textBox5-> Text = px.ToString();   // テキストボックスへ x 座標の表示
            textBox6-> Text = py.ToString();   // テキストボックスへ y 座標の表示
            textBox7-> Text = pz.ToString();   // テキストボックスへ z 座標の表示
        }
```

```
                    Invalidate();
            } else {              // マウスが画像の範囲外でクリックされたときの処理
                if(e-> Button == Windows::Forms::MouseButtons::Left){// 左クリック
                    // テキストボックスのクリア
                    textBox5-> Text = "";
                    textBox6-> Text = "";
                    textBox7-> Text = "";
                }
            }
        }
```

なお，Visual C++ 2012 Express[6-11]によるレンジ画像表示プログラム range02 のマニュアルを Web 付録-2 に，プログラムの実行方法を Web 付録-3 に示す．このプログラムは，OS：Windows 7 と 8 で稼働テストを確認してある．

6.5　ノイズ除去フィルタ

レンジ画像は，レーザスキャナによって撮影された反射体の位置（座標）を，画像データとして表現されたものであり，一般的なデジタル画像では，明るさを表す画素値が，レーザスキャナからの距離を表している．しかしながら，画素の値にノイズが含まれると，測定対象物のモデリングに大きな影響を与えてしまう恐れがあるため，ノイズを除去するフィルタが必要となる．

6.5.1　点群データのノイズ除去用

ノイズ除去フィルタの目的は，ビルの窓越しに収集された点群データや，オブジェクト周辺の離脱した諸物体を解析対象外とするときに使用する．具体的なプログラム開発には，まずレンジ画像を表示できるようにしてから，2 次元画像に $n \times n$ のマスクを掛け，これを操作して，マスク内のノイズ除去をする．

ノイズ除去のアルゴリズムとしては，必要に応じて次の 2 項目があげられる．

a. 周囲との反射率の比較によるノイズ除去フィルタ

注目点の周り 5×5 の点の反射率の標準偏差を求め，平均から標準偏差以上離れていればノイズ候補とし，デフォルトの閾値を定め，オブジェクトによっての柔軟

性を考慮して，画像処理ごとにその都度変更可能にする．

b．周囲との距離の比較によるノイズ除去フィルタ

① 注目点の周り5×5の点の距離の標準偏差を求め，平均から標準偏差以上離れていればノイズとして除去する．

② 注目点の周り5×5の点の距離を求め，その距離が注目点を中心とした$R=1\,\mathrm{m}$以内の立法体内に何点あるかをカウントし，その点が一定以上なければノイズとして除去可能にする．

③ 注目点と周囲(5×5)の点との距離を求め，その距離の標準偏差を求める．標準偏差が一定以上離れていればノイズとして除去可能にする．

④ 注目点と周囲(5×5)の点との距離を求め，その中の最短距離を求める．最短距離が一定以上離れていればノイズとして除去可能にする．

6.5.2 二次元距離画像のノイズ除去フィルタ用

点群データと同時に近赤外画像データやRGB画像データも収集されるので，近赤外画像やRGB画像を作成したときに，解析前に画素のノイズを周辺のデータに置き換える処理が必要になってくる．ここでは，ノイズ除去法としては，第1, 4章で述べた，メディアンフィルタなどの処理をアルゴリズム化する．

6.6 法線ベクトルによる三角メッシュの仮稜線の削減フィルタ

$m \times n$のレンジ距離画像データには，x, y, z座標値を持っているので，$m \times n$のx, y座標の格子による2次元配列として表現することもできる．そこで，点群データと関連を持たせ，連結させるために，2次元配列における8連結成分を仮の稜線として結ぶ．次に，すべての稜線に対して稜線をはさむ三角メッシュの法線ベクトルN_A, N_Bを，1格子当たり4ベクトル，これらの三角メッシュからの各々の法線ベクトルの夾角θを，2個求められるようにする．そして，夾角θの値の小さいほうの稜線を採用し，他の仮の稜線を不採用とできるアルゴリズムを開発する．この計算を格子単位に繰り返し処理可能にしてから，当初の仮の稜線の半分を採用し，残りの半分は削除して，三角メッシュを構成可能にする．このフィルタによって，当初孤立していた点群データは連結もできる．

6.7 三角メッシュ生成の簡易法

メッシュ生成の方法には，第4章においてICPアルゴリズムや法線ベクトル利用法を紹介してきたが，レーザースキャナにより得られるデータは格子状に並ぶデータ配列の表現が容易な点を利用して，三角メッシュを構成する簡易方法を追記しておく。格子状の対角線を単純に一定方向に分割するだけでは極端な鈍角三角形状を形成し，不適切となる可能性があるので，対角線の距離が短い方に，格子を分割した稜線で新たな辺として三角形を構成するものである。この方法では，図4.12 (b)のP_1P_2とP_3P_4の辺長計算を格子数$(m-1)(n-1)$繰り返し計算し，辺長判定するアルゴリズムとなる。この格子を対角線の距離を用いてメッシュ構成する模式を図6.8で説明すると，3次元座標系において，点群データの格子に仮稜線を入れた状態が (a) である。次に，各格子状のデカルト座標値と，仮三角形の法線ベクトルを計算して，正式な稜線に一部書き換えた状態を (b) に示し，これを四格子全体に処理して最終的な稜線を入れたのが (c) である。この格子配列のZ値は左中央が大きく（高く），右両隅が小さい（低い）場合の例である。

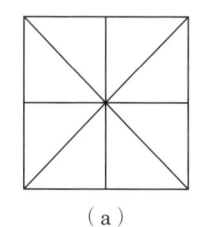

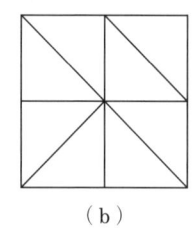

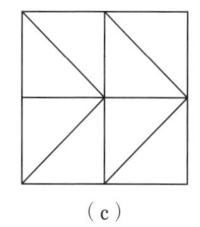

図 6.8　三角メッシュの構成模式

6.8 線分・平面の抽出

6.8.1 線分長の抽出法

ビルや家屋の外形をレンジ画像データから抽出するとき，ワイヤーフレームを形成する端点を選定することになる。現実の建物には，ワイヤーフレームを構成する部分に付帯物が取り付けられているケースがある。図6.9 (a) のレンジ画像は，高層ビルの窓からデータを収集したので，対象のビルの端点がすべて抽出できていな

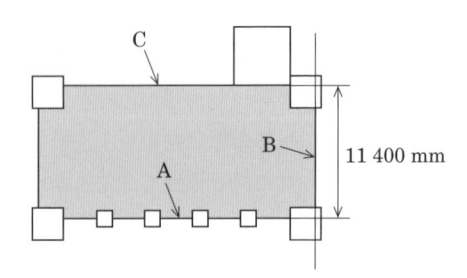

(a) ビルのレンジ擬似画像　　　　　　(b) ビルの断面形状の辺

図 6.9　レンジ画像からビルの辺長算出

い。しかも，各端点は，鉄骨を覆った四角柱があって，ワイヤーフレームを構成する 4 隅は総て不明である。しかし，このビル頂上の各辺の一部 A, B, C が判明しているので，このレンジ画像データから，A，B，C に相当する点データをマウス利用によって 1 点ずつ抽出して，1 線分当たり 5～10 点のサンプリングをして，最小二乗法により線分の方程式を算出できる。図 (b) は，このような直線方程式を算出して，ビルの短辺長： $B_s=11.4$ m を算出した例である[6-12]。

このような初期の応用は，レンジ画像から点群データ値の算出や，線分の方程式を算出するアルゴリズムを開発するときに，表示ウィンドウのアイコンの機能作成に対して，点群データ値や直線の方程式がどのように使われるかを模想するうえで参考になろう。

なお，図 6.9 のレンジ画像データの原 3DD データは，データをまとめて Web 付録-6 にある。

6.8.2　平面の抽出

昨今，都市域におけるビル街などの外観や内装の 3D モデル化の必要性が高まっている。それはコンピュータを用いて視覚化することで，対象物を任意の視点から観察することができ，データ抽出時における対象物の形状や景観を容易に復元できるからである。また，どの位置や方向からも断面図や外観図を作成することができるので，解析や対比を行うのに有用である。

点群データから平面の抽出をする方法として，標定点を使う方法，矩形領域を使

う方法，キュービックを使う方法などがあるので，ここでは次の2種類を紹介する。
また，キュービックを使う方法については，融合処理のところで紹介する。

1) 標定点を用いる方法

点群メッシュデータからレンジ画像を作成して，目視判定にて同一平面と思われる領域から N 箇所の標定領域を選定し，平面方程式を算出して，その許容誤差範囲にある点群データを同一平面と見なして，平面を構成する。複数の平面を抽出したい場合には，ラベリング処理によって区別する。

ビルの廊下のシーンに適用した事例としては，壁の平面抽出を選定して，図6.10 (a) のように10個の標定点を選定し，最小二乗法を適用して，

$$平面方程式：-X+1.417358Y-0.005113Z-2.220521=0$$

を算出した。この平面をラベリングして，これに属する点群に色付けしたのが，図(b) である。平面方程式を構成する壁面は十分抽出されていることがわかる。このときの点群のばらつきの度合いは，Riegl Z210i 装置を使用したとき，平均二乗誤差 e は，$e=\pm 9.7$ mm であった。

2) 矩形領域を用いる方法

距離画像からのビルの平面抽出をして，平面内の複数の点群データから最小二乗法によって決定する。データを点ごとの抽出だけではなく，面として取得できることは距離画像を用いる大きな利点でもある。

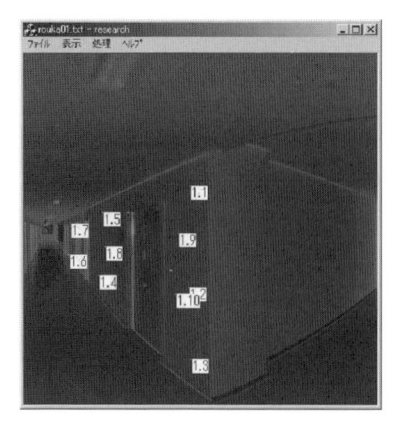

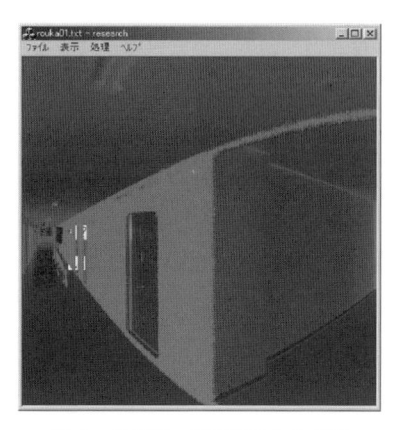

　　　　（a）標定点10の選択　　　　　（b）抽出同一平面化された部分

図6.10　矩形域を標定点とした平面抽出

距離画像の矩形領域をマウスで指定し，この部分の平面方程式を求めるプログラム（ソフトウェア名：PLATE）は，入力データの拡張子が3DDのため，ソースの公表は避けている．

ソフトウェア"PLATE"の使い方例としては，PLATEの実行形式をWindows上に展開し，入力データを選定するとレンジ画像が表示されるので，画像上で平面と思われる領域をマウスの左ボタンで4点を指定すると，その指定矩形が白線で表示され，この部分を平面と仮定して，最小二乗法を適用して平面方程式が表示される．

もし，繰り返し別の小領域を再度指定すると，次の平面方程式が算出される．

6.9 平面を利用した画像融合処理

レーザスキャナから抽出された点群データを使って融合処理をするプログラミングができるように，平面交差軸の回転利用，シーンの融合処理に用いる各種パラメータを具体的に示し，その適用に係る条件・範囲を数値で示しながら3シーンの融合処理結果を例示する．これは，モデリング処理の足掛けとなろう．

6.9.1 平面交差軸の回転利用

融合の際の標定要素として，融合対象画像に含まれる共通の平面を用いる．平面のような広範囲のデータを用いることにより，単なる標定点を用いる方法よりも誤差の少ない高精度の融合処理が可能となる．

部分メッシュNo.1（基準シーン），No.2（標定シーンA），No.3（標定シーンB）を融合処理するに当たり，図6.11の部分メッシュNo.1，No.2およびNo.2，No.3に各々共通の平面が存在するときは，部分メッシュNo.1，No.2の平面抽出を行い，部分メッシュNo.1から最適な共通の2平面（例えば廊下の床と壁）の交差直線を求め，これを回転軸にして，標定シーンA：No.2を回転させ，平行移動をして，シーンNo.1，No.2の融合処理を行う．この結果をシーン（No.1-No.2）とする．

次に，融合されたシーン（No.1-No.2）と，標定シーンB：No.3の融合処理を行う．共通平面が存在するとき，標定シーンB：No.3の回転と並行移動で，最終的に，融合処理されたシーン（No.1-No.2-No.3）ができあがる．

まず，平面抽出アルゴリズムについては，いくつかのパラメータを設定する必要

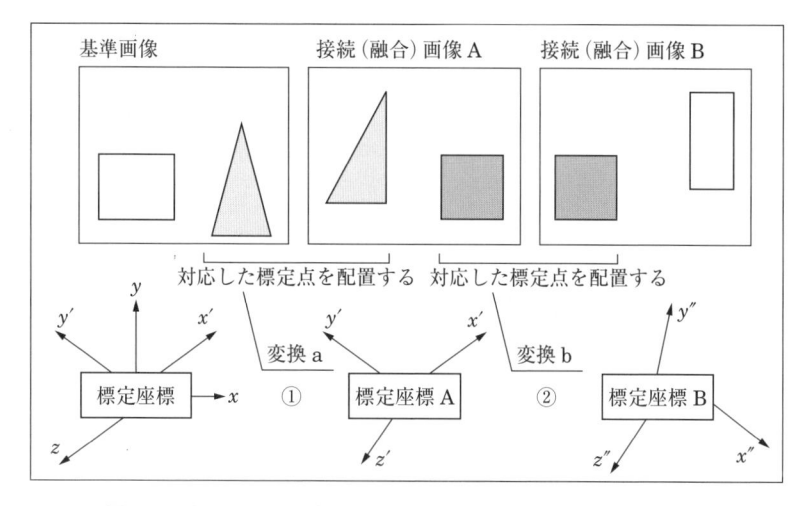

図 6.11　部分メッシュ（シーン）No.1，No.2，No.3 の融合処理関係

がある．シーン No.1 のレンジ画像を小領域に分けることができるように平面を抽出するためのパラメータを示す．すなわち，キュービックのサイズ L〔m〕，最小平面候補点群数 N，最大許容誤差 e_{max}〔m〕，許容夾角 θ〔°〕などである．

レンジ画像の点群データの全仮想空間をキュービックサイズ L で大区分する．

各キュービックの内部の点群の数が N 以上に対して，最小二乗法を用いて平面方程式を求める．キュービック内部の点群と求められた平面の誤差が，最大値が e_{max} 以下のとき，点群すべてを同一平面上の点群として取り込む．

この段階では各立方体内部の点のみを参照しているので，本来同一平面であるものが複数の平面として抽出されている可能性がある．それらを同一平面として認識させる処理をする．

この処理には，2 平面の夾角が θ_{min} 以下ならば，2 平面を同一と見なす．

2 平面のなす夾角 θ は，2 平面の法線ベクトルの内積を用いて次式となる．

$$\theta = \cos^{-1}\left(\frac{a_1 b_1 + a_2 b_2 + a_3 b_3}{\sqrt{a_1^2 + a_2^2 + a_3^2}\sqrt{b_1^2 + b_2^2 + b_3^2}}\right) \quad (6.1)$$

部分メッシュ（シーン）のサイズが 444×444 から構成されたレンジ画像を使用したときの例としては，各パラメータの値としては，$L=0.50$，$N=100$，$e_{max}=0.05$，$\theta=5.0$ が参考になろう．この各パラメータを用いたビルの廊下の赤外レンジ画像

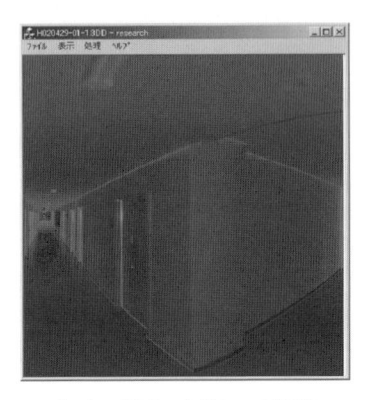

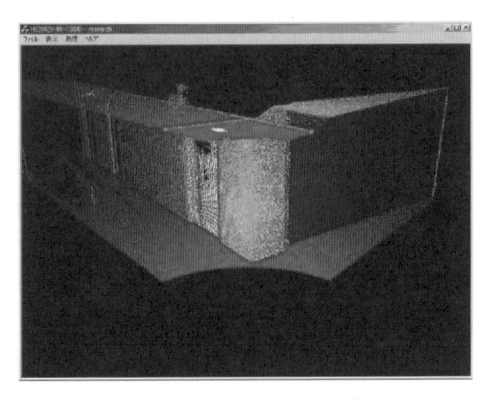

(a) 廊下の赤外レンジ画像 (b) 2シーンの融合処理結果

図 6.12 廊下のシーンの融合処理（口絵7参照）

表 6.1 融合に算出された平面方程式とその平均二乗誤差

平面番号	平面方程式	平均二乗誤差 ε_{mean}
1	$-0.005X+0.006Y-Z-1.739=0$	± 8.4 mm
2	$-X+1.430Y+0.006Z-2.201=0$	± 8.3 mm
3	$-X+0.707Y+0.002Z-2.329=0$	± 6.4 mm
4	$-X+0.692Y+0.003Z-2.060=0$	± 7.5 mm
5	$-0.003X+0.008Y-Z+0.674=0$	± 7.6 mm
6	$-0.002X-0.002Y-Z+0.828=0$	± 8.1 mm

444×444（シーン No.1 使用）を図 6.12（a）に示し，融合結果がどのようになるかを示す意味で，図（b）に融合されたシーン（No.1-No.2）の結果を示した．

このときに算出されたレンジ画像内の 6 種類の平面方程式と，その平均二乗誤差 ε_{mean} を表 6.1 に示す[6-13]．

6.9.2　シーン融合の処理手順

上記の平面抽出からシーン融合までの処理の流れを要約すると，次のようになる．

① 融合対象の基準のシーンのレンジ画像より平面を抽出する．
② 2 シーンから対応する 3 平面を選定する．
③ それぞれの画像で 3 平面の交点を求める．
④ 融合処理用にシーンの画像の一方を基準とし，他方シーンの画像と共通する軸の回転量と平行移動量を求める．

⑤　平面を求めるには，平面方程式の y，z，定数項の係数を B，C，Dで表すと，平面方程式の残差二乗和は以下のようになる。そして，B，C，Dについて連立方程式(4.10)を解き，平面を決定する。

$$\Omega = \sum_{i=1}^{n}(x_i - By_i - Cz_i - D)^2 \tag{6.2}$$

6.9.3　平面の自動抽出方法

　手動方法では，標定点を正確に選択したときは高精度で平面方程式を求められる。しかし，レンジ画像には視覚的に判別しにくい局面もあり，誤った点を標定点として選択してしまう可能性もある。用いる標定点の数が多いほど誤差は小さくなるが，1つでも錯誤点を選択してしまうと，求められる平面方程式に大きく影響を与え平面を正確に抽出できなくなる。また，一度の処理につき1つの平面しか抽出できず，複数の平面を抽出する場合は，その度に標定点を選出する必要がある。

　そこで，手動処理を少なくするために，数種のパラメータを入力するだけでレンジ画像に含まれるいくつかの平面を自動的に抽出する方法を考えてみる。

a. キュービック域の平面候補点

　まず，キュービックを並んでいる順に検索して内部に含まれる点を探索し，その数を求める。

　点数が入力した最小平面候補点数以上であれば，キュービック内部の点に最小二乗法を適用して平面方程式を算出する。

　次に，全平面候補点と求められた平面方程式の誤差を求める。誤差の最大値が許容最大誤差（入力変数）以下であれば，この点をすべて同一平面上の点と見なし，平面番号として検索中のキュービックに番号を付ける。

　注意することは，この段階では許容最大誤差の値によっては，同一平面でも複数の平面として抽出されることもある。

b. 平面の同一化処理

　前段階までの処理で，各キュービックごとに平面方程式を求めているため，本来同一である平面が複数の平面として抽出されている可能性がある。そこで，それらを同一の平面にする処理をここで行う。

　平面の同一化処理では，個別に抽出された平面の夾角を求める。夾角は2つの平

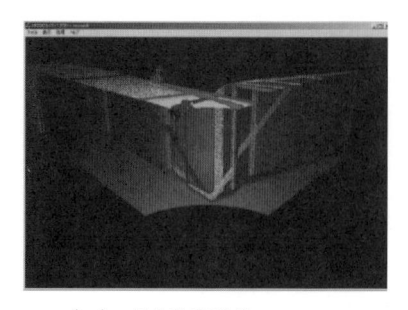

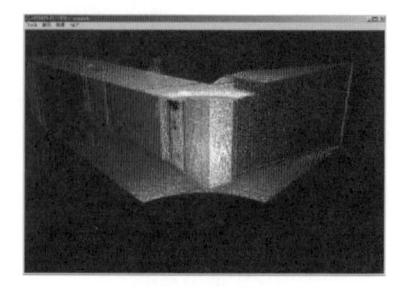

（a）最大許容誤差 $e_{max}=0.1$　　　　　（b）最大許容誤差 $e_{max}=0.02$

図 6.13　最大許容誤差の相違（口絵⑧参照）

面に垂直なベクトルの法線ベクトルの角度差から算出する。

法線ベクトルの成分は平面方程式の定数項以外の係数を (a, b, c) で表す。

2平面の法線ベクトルの2方向から夾角 θ を求める。θ は許容夾角（入力変数）以下であれば，2平面は同一であると判断する。

平面方程式算定の入力変数としては，キュービックのサイズ L，最小平面候補点数 n，最大許容誤差 e_{max}，許容夾角 e_{max} のパラメータである。

図 6.13 は，許容夾角 $\theta=1.0$，最小平面候補点数 $n=1\,100$，で，キュービックサイズ $L=0.6$ のときの e_{max} の相違による融合処理結果を示している。

c．平面抽出の誤差とシーン融合処理結果

図 6.14 の廊下床面，壁面，壁面の平面を抽出し，ラベリング処理を施こした。このときの各々の誤差は $\varepsilon_a=8.4\pm6.7$ mm，$\varepsilon_b=8.4\pm7.2$ mm，$\varepsilon_c=6.4\pm5.5$ mm である。

この融合処理に用いた入力パラメータの条件・範囲を表 6.2 に，良好な融合処理結果を図 6.15 に示す。上記のこの操作を繰り返すことにより，高層ビル内のモデルでも非常階段などを介して適用できる。

表 6.2　各パラメータの範囲

立方体のサイズ：L [m]	$0.3 \leq L \leq 0.5$
最小平面候補点数：n	$50 \leq n \leq 1\,000$
最大許容誤差：e_{max} [m]	$0.03 \leq e_{max} \leq 0.08$
許容夾角：θ [°]	$2.0 \leq \theta \leq 7.0$

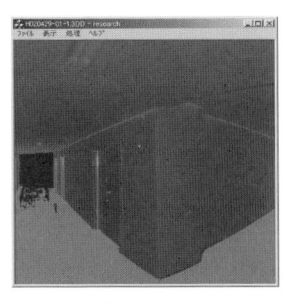

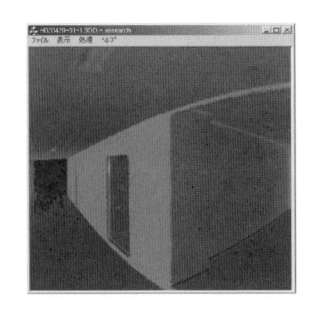

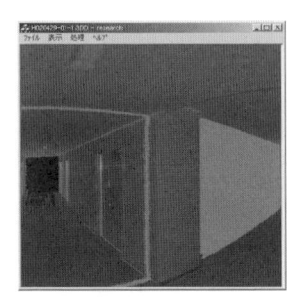

（a）廊下床面　　　　（b）壁　面　　　　（c）壁　面

図 6.14

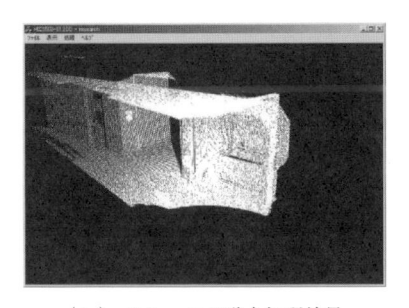

（a）2シーンの融合　　　（b）3シーンの融合処理結果

($L=0.5$, $n=100$, $e_{max}=0.05$, $\theta=5.0$)

図 6.15　複数シーンの融合処理（口絵 9 参照）

6.10　レンダリングの初期処理

6.10.1　光源などの定義とそのプログラム

ASCII データ変換したビルのレンジ画像データは，図 6.16（a）のように x, y, z, 受光強度の 4 変数の配列であり，図（b）のようなレンジ画像が出力できる。この点群データを 3D 表示したときに，点群データの各面を分かりやすくするために，仮想空間上に光源を配置して，オブジェクトを鮮明にするレンダリング処理がよく使われる。このレンダリングの初期処理は，点群データから作成されたメッシュを構成する面に，種々の模様・色調を貼り合わせるデザイン技術の初期段階である。この貼り合わせる技術を使うに当たっての 3D Java の定義事項を要約すると次のよう

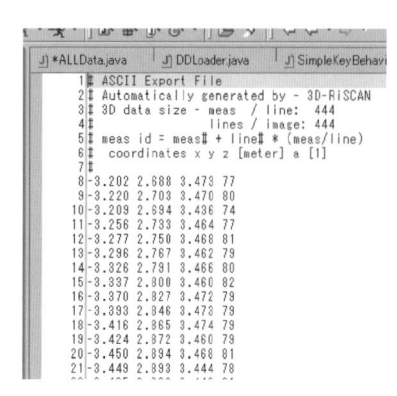

(a) ASCIIデータのダンプ　　　　(b) レンジ画像（つくばのビル）

図 6.16　ASCII データのダンプとそのレンジ画像

になる．
① 物体を定義し，レンジ画像用のビューアを作成する．
② 物体の法線ベクトルを定義し，三角メッシュを構成する．
③ 光源の影響範囲を定義して，陰影を付ける．
④ 光源を定義する．
⑤ 物体側の光源の影響を定義する．

　レンダリング処理などに必要な光源は，Light クラスのサブクラスによって表現できる．そのオブジェクトは SceneGraph にぶら下げる．

　光源の指定には，
（a）光源の有効範囲を指定すること
（b）物体の表面に光源の影響が及ぶようにすること
（c）物体の法線ベクトルを定義する必要がある

　この光源の有効範囲とは，光の及ぶ範囲ではなく，視点と光源の有効範囲が重なったときに光源処理をするという意味で，パフォーマンス向上のための機能である．有効範囲は範囲を示す Bounds オブジェクトを作成し，Light オブジェクトに対して setInfluencingBounds（Bounds region）メソッドで設定する．よく使われる Bounds クラスとして，球で範囲を指定する BoundingSphere クラスがある．範囲を特に厳密にしないときは，半径を無限大に設定できる BoundingSphere オブジェクトが使用できる．

6.10 レンダリングの初期処理 ***163***

(a) 回転表示 　　　　　　　　(b) 平行移動

(c) 平行移動と拡大 　　　　　(d) コントラスト補正

図6.17 オブジェクト処理の事例

　また，光源の種類には，平行光源，点光源，環境光源，スポットライトの4種類がある。この事例では平行光源を用いるが，この平行光源は太陽の光に相当するものである。太陽は地球から遥か彼方に存在するため，地球に光が届くころには，地球に平行な光の軌跡で届いていると考えられている。

　物体の表面の陰影などには光源が影響するので，まず Material オブジェクトを作成して，これに光源の影響が及ぶように，物体の Appearence オブジェクトに対して，この Material オブジェクトを登録しておく。

　図6.17は，次の3D Javaプログラムを使用して，回転表示，平行移動，コントラスト補正などをした結果である[6-14]。

　なお，図6.16に用いた Java 3D のソースは，Web 付録-4 に掲載し，つくばビルの原データは，Web 付録-6 にある。

◆ Java All Data のソース

```
package pro ;
/** メインクラス
 * この生成されたコメントの挿入されるテンプレートを変更するため
 * ウィンドウ > 設定 > Java > コード生成 > コードとコメント
 */
import javax.media.j3d.* ;
import java.awt.* ;
import com.sun.j3d.utils.applet.* ;
import com.sun.j3d.utils.universe.* ;
import java.applet.* ;
import com.sun.j3d.utils.geometry.* ;
import javax.vecmath.* ;
import com.sun.j3d.utils.behaviors.mouse.* ;
// アプレットの初期値を設定
/**
 * To change the template for this generated type comment go to
 * Window&gt ; Preferences&gt ; Java&gt ; Code Generation&gt ; Code and Comments
 */
public class ALLData extends Applet {
        public static void main(String[] args) {
                ALLData applet = new ALLData() ;
                MainFrame frame = new MainFrame(applet, 500, 500) ;
        }
        public ALLData() {
                // 描画レイアウト
                GraphicsConfiguration config
= SimpleUniverse.getPreferredConfiguration() ;
                Canvas3D canvas = new Canvas3D(config) ;
                this.setLayout(new BorderLayout()) ;
                this.add(canvas, BorderLayout.CENTER) ;
                //3D 空間の宣言・ブランチの作成
                SimpleUniverse universe = new SimpleUniverse(canvas) ;
                BranchGroup root = new BranchGroup() ;

                // グループの作成・読み取り書き取り許可
                // (移動・回転を可能にする)・描画領域の作成
                TransformGroup trans = new TransformGroup() ;
        trans.setCapability(TransformGroup.ALLOW_TRANSFORM_READ) ;
         trans.setCapability(TransformGroup.ALLOW_TRANSFORM_WRITE) ;
                BoundingSphere bounds =
```

6.10 レンダリングの初期処理

```
            new BoundingSphere(new Point3d(0.0f, 0.0f, 0.0f), 100.0);
    // 光源の作成
    // 色を生成する
    Color3f lightColor = new Color3f(0.6f, 0.6f, 0.6f);
    // 正面から奥へ向かう方向
    Vector3f lightDirection = new Vector3f(0.0f, 0.0f, -1.0f);
    // 平行光源を生成する
    DirectionalLight light =
            new DirectionalLight(lightColor, lightDirection);
    light.setInfluencingBounds(bounds);
light.setCapability(DirectionalLight.ALLOW_DIRECTION_READ);
    light.setCapability(DirectionalLight.ALLOW_DIRECTION_WRITE);
    // 光源を描画領域に置く
    //light.setInfluencingBounds(bounds);
    SimpleKeyBehavior kb = new SimpleKeyBehavior(light);
    kb.setSchedulingBounds(bounds);
    //「BranchGroup」の子とし「DirectionalLight」を登録する
    root.addChild(kb);
    root.addChild(light);
    // マウス操作を可能にする（回転・移動・ズーム）
    MouseRotate rotator = new MouseRotate(trans);
    rotator.setSchedulingBounds(bounds);
    root.addChild(rotator);
    MouseTranslate translator = new MouseTranslate(trans);
    translator.setSchedulingBounds(bounds);
    root.addChild(translator);
    MouseZoom zoomer = new MouseZoom(trans);
    zoomer.setSchedulingBounds(bounds);
    root.addChild(zoomer);
    // 平面ポリゴン値をセットするクラスのインスタンスを作成
    DDLoader l_dd = new DDLoader();
    // ファイル名を指定する
    Point3d[] PeakPoints = l_dd.DDLoaderFile("H050904-45.txt");
    // 四角形情報・「QUAD_ARRAY」に頂点座標を登録する
    GeometryInfo ginfo = new GeometryInfo(GeometryInfo.QUAD_ARRAY);
    ginfo.setCoordinates(PeakPoints);
    // カラー情報を反射強度より作成
    Color3f[] colors;
    colors = new Color3f[l_dd.DD_number];
    for (int k = 0; k < l_dd.DD_number; k ++) {
            colors[k] =
```

```
                        new Color3f(
                                ((255.0f
Float.parseFloat(l_dd.l_passive[k])) / 255.0f),
                                ((255.0f
Float.parseFloat(l_dd.l_passive[k])) / 255.0f),
                                ((255.0f
Float.parseFloat(l_dd.l_passive[k])) / 255.0f)) ;
                        }
                        ginfo.setColors(colors) ;
                        // 法線ベクトル作成（光を有効にするため）
                        NormalGenerator gen = new NormalGenerator() ;
                        gen.generateNormals(ginfo) ;
                        // 外観「Appearance」を生成する
                        Appearance apc = new Appearance() ;

                        //「Material」を生成する
                        Material mtr = new Material() ;

                        // 環境光を設定する（R, G, B）
                        mtr.setDiffuseColor(new Color3f(0.2f, 0.2f, 0.2f)) ;

                        // 輝度を 64 に設定する
                        mtr.setShininess(64f) ;

                        // 透明度の設定
                        TransparencyAttributes tattr =
                                new
TransparencyAttributes(TransparencyAttributes.BLENDED, 0.0f) ;
                //「Appearance」に「Material」を割り当てる.透明度を割り当てる
                        apc.setMaterial(mtr) ;
                        apc.setTransparencyAttributes(tattr) ;
                        //「Shape3D」を生成する
                        Shape3D shape = new Shape3D(ginfo.getGeometryArray()) ;
                        //「Shape3D」に「QUAD_ARRAY」を割り当てる
                        shape.setGeometry(ginfo.getGeometryArray()) ;
                        //「TransformGroup」の下（子）に「Shape3D」を登録する
                        shape.setAppearance(apc) ;
                        trans.addChild(shape) ;
                        root.addChild(trans) ;
                        universe.addBranchGraph(root) ;
                universe.getViewingPlatform().setNominalViewingTransform() ;
                }
```

6.10 レンダリングの初期処理

}

++++++++++ Data 読み取りのソース ++++++++++
```java
/* この生成されたコメントの挿入されるテンプレートを変更するため
 * ウィンドウ > 設定 > Java > コード生成 > コードとコメント   */
package pro ;
/**
 * この生成されたコメントの挿入されるテンプレートを変更するため
 * ウィンドウ > 設定 > Java > コード生成 > コードとコメント
 */
/*   1行のデータから個々のデータを取り出す */
public class Data {
    private int len, start, end ;
    private String line ;
    String data ;
                                    // コンストラクタ
    Data (String l)
    {
        line  = l ;
        len   = line.length() ;
        start = 0 ;
        end   = 0 ;
        data  = new String () ;  // 次のデータ
    }
                                    // 次のデータの取り出し
                                    //  = 0 : 成功,  =-1 : 失敗
    int next()
    {
        int k = 0 ;
        if (start < len) {
            int sw = 0 ;
            while (sw == 0) {
                end = line.indexOf(" ", start) ;
                if (end >= 0) {
                    if ((end - start) > 0) {
                        data  = line.substring(start, end) ;
                        sw  = 1 ;
                    }
                }
                else {
                    end = len ;
```

```
                              sw  = 1;
                              if ((end - start) > 0)
                    data  = line.substring(start, end);
                              else
                                        k = -1;
                    }
                    start = end + 1;
                }
            }
            else
                k = -1;
            return k;
        }
    }
```

　この他のソースとして，DDFileLoaderPoints，DDLoader，GetDistance，GetPoints，SimpleKeyBehavior などがあるので，Web 付録-4 の project フォルダを参照されたい．

6.10.2　イベント処理

　このレンジ画像を，自由に光源の位置を変えることによって実像を表示するために実装したイベント処理には，回転移動，拡大縮小，平行移動，光源の移動の四種類がある．

a. 左マウスドラッグ	・・・	回転移動
b. Alt キー＋左ドラッグ	・・・	拡大縮小
中央ドラッグ	・・・	拡大縮小
c. 両マウスドラッグ	・・・	平行移動
d. 1〜6 キー	・・・	光源移動

　上記項目 a.〜c. はすでに Java3D の API に存在するので新たに実装する必要はない．光源の移動を新たな処理として加えたものである．光源の位置を変えるだけで，データを読み取る部分に修正を加える必要も出てくるが，この処理は実際に適用する段階で対処すると良い．これは Write-once が Java3D の特徴であるからである．これらの処理の流れを以下に要約する．

(a) 平行光源　　　　　　　　(b) 平行光源と拡大表示

図 6.18　イベント処理結果

① 引数に DirectionalLight を指定し，その情報を定義する．
② initialize () を実行し，ボタンが押された瞬間に起動条件を設定する．
③ キーイベントを取得し，それぞれのキーに応じて光源の方向をずらす．

図 6.18 は，3D Java プログラムを使用して，平行光源を与え，さらに少し拡大表示をした結果である．

このつくばのビル付近を事例にしてモデリングを行い，自由に光源の位置を変えるために，基本となる光源の定義などを行ってみた．そこで，実像を表示することが可能となった．この結果からも，上述のアルゴリズムにレンジ点群の ASCII データを適用すれば，レンジ画像表示と，その画像の回転移動，拡大縮小，平行移動，光源移動などの一連のイベント処理が稼動できよう．

ここでは，簡素なモデル対象としてビルの外形を事例としてきたが，欧州の歴史的な建造物には，室内外の芸術的な彫刻，装飾物が多く，保存の対象になっていて，芸術的な彫刻物には，詳細な部分を正確に復元することをシステム化し，3D プリンタの活用の頻度も多い[6-15]．このような重要文化財の対応を考慮したアルゴリズム開発が必要で重要文化財の補修用のデプリカの作成もできよう．

演習問題

6-1　Java 言語を用いて，円錐と円柱を赤と黄色で 3D 表示するプログラムを作成して実行してみよ．

6-2　Java3D で記述するシーングラフの構造例を示し内容を説明せよ．

6-3 ビルの壁面の角の直線を求めるプログラムを作成せよ．

6-4 Web付録-4のproject内のASCIIレンジ画像データを用いて，レンジ画像を表示するViewerを作成して，実行してみよ．

6-5 レンジ画像を表示するViewerを作成したい．点群データの平行移動，回転ができるようなアルゴリズムのシーングラフを作成せよ．

第7章
レンジ画像の応用

7.1 ビルのモデリング

　ビルのモデルとしては，8階建ての立方体の形状を考え，その外観の距離画像を図7.1（a）に示す。まず，モデリングの不要な樹木データの削除や，平面内のノイズ除去を視覚判定に基づき処理をし，なるべくオブジェクトデータの簡素化をする。

　エッジの抽出と法線ベクトルについては，$m \times n$ の距離画像データが，それぞれの配列要素が x 座標，y 座標，z 座標を持った $m \times n$ の2次元配列として表現することができるので，第4章で述べた図4.11（a）ように，点群配列における8連結成分同士に仮の稜線を結び，すべての稜線に対して，稜線をはさむ点群三角メッシュの法線ベクトルと夾角を算出する。

　三角メッシュの法線ベクトルの夾角の程度から稜線をまず定義する。次に，距離画像装置で距離データを取得できなかった点（x, y, z 座標すべてが0）の境界部分を，エッジとして抽出する試みが必要になってくる。この領域では，取得できなかった点方向の法線が抽出できないことから，エッジ抽出の条件が成立しないので，正確に法線の夾角を算出することは困難である。

　そこで，法線ベクトルの角度が閾値以上であるときの条件のほかに，データなし点の境界条件を別途付け加える。稜線を構成する図4.12（b）の頂点 P_1，P_2 と，その稜線をはさんだ三角メッシュを構成する頂点 P_3，P_4 がある。そして以下の3つの条件が満たされるとき，データなし点の境界であるとし，特徴稜線としてエッジ抽出を行う[7-1]。

　1：頂点 P_1，P_2 の距離データが存在し，頂点 P_3，P_4 の距離データが存在しない。
　2：頂点 P_1，P_2，P_3 の距離データが存在し，頂点 P_4 の距離データが存在しない。
　3：頂点 P_1，P_2，P_4 の距離データが存在し，頂点 P_3 の距離データが存在しない。

　この特徴稜線によるエッジ抽出アルゴリズムを図7.1（a）の距離画像データに適用する。

(a) ビルの距離画像 　　　　　　　　(b) 閾値 $\theta_{thr}=0.20$

(c) 閾値 $\theta_{thr}=0.32$ 　　　　　　　　(d) 閾値 $\theta_{thr}=0.40$

図7.1　エッジ抽出の閾値の相違

　エッジ抽出において，閾値 θ_{thr} の値を変えて特徴稜線を構成する頂点（特徴頂点）のみを表示させた結果が，図(b)（$\theta_{thr}=0.20$），図(c)（$\theta_{thr}=0.32$），図(d)（$\theta_{thr}=0.40$）である．

　黒は特徴頂点，灰色はそれ以外の頂点，白色は距離データが存在しない点である．このエッジ抽出結果を考察すると，$\theta_{thr}=0.20$ では，対象建築物の前面部のノイズが多いが，逆に $\theta_{thr}=0.40$ ではノイズが少なくなっていて，建築物の高さ方向の線分要素が途中で途切れてしまう．この結果から，このサンプルデータでは，夾角の閾

値の決定には $\theta_{thr}=0.32$ 程度が最適である[7-1]。

ビルのようなエッジ抽出が容易な場合は，上述のような手法も有効であるが，対象が不定型で，細かいオブジェクトが隣接しているような場合には，2次元RGB画像を併用するほうが有利となる。

7.1.1 直線・焦点抽出

平面上の直線と空間上の線分指定アプローチと，直線の交点の求め方を要約して以下に述べる。

a．線分指定アプローチのアルゴリズムの手順

① 距離画像からの距離画像エッジの抽出
② 抽出したい線分上（距離画像エッジ上）を手動で2点選択
③ 3次元の xyz 座標系の制約を用いて，抽出したい線分上の点を選出
④ 選出されたすべての点を用いて，最小二乗法により直線方程式の算出
⑤ 交差する2直線の近似交点を算出し，ワイヤーフレーム要素の端点を求める

b．手動による線上の2点の選択

ワイヤーフレーム要素を抽出するとき，エッジ画像をもとに，線分上を手動で2点選択する。手動で選択した2点の3次元座標を取得することで，3次元空間の直線方程式を算出する。

c．3次元直線を用いた線分上の交点の選出

平面上の直線方程式については，風景などを撮影した2次元画像では，3次元空間の再現は困難であるが，遠近によって，同一の大きさが撮影距離に比例して，縮小されて撮影される。この原理を応用することで，既知の距離から未知の距離や地物に寸法を割り出せる。また，画像上の複数の直線群を利用すると，撮影ごとの画像内に4.5.4項で述べた画像消失点（焦点）を算出できる。

線分の近似交点算出については，実世界での3次元空間の直線Aと直線Bは交差していても，点群データ解析における仮想3次元空間上のこの2直線は必ずしも交差しないので，直線A上の点 P_A と，直線B上の点 P_B 間の距離 s_{AB} が最小になる位置を算出して，点 P_A と点 P_B の中点を近似交点 P_s とする（4.5.1項参照）。ここで，距離 s_{AB} が最小になる p_a，p_b を求めたいので，$s_{AB}^2=\Omega$ として p_a，p_b で偏微分して p_a，p_b を求め，点 P_A と点 P_B の中点を求め，線分の近似交点算出をする。

7.1.2 平面抽出

レンジ画像内のオブジェクトの平面を抽出するアルゴリズムの手順を要約すると，次のようになる．

① 距離画像からの距離画像エッジの抽出
② 距離画像エッジ結果を用いた平面区分化と平面方程式の算出
③ 平面方程式による誤選出の除去
④ 平面の外郭エッジ抽出
⑤ 外郭エッジの直線成分検出
⑥ 交差する2直線の近似交点を算出し，ワイヤーフレーム要素の端点を求める

7.1.3 平面の外郭エッジ抽出

求めた平面方程式を3次元的に表示する場合，その平面を閉塞する直線群が必要である．ここでは，平面の閉塞する点群を追跡することによって，平面の外郭エッジを抽出するとともに，平面を閉塞する頂点が追跡順に格納される，追跡リストを作成する．外郭エッジ抽出法として，例えば3×3セルを用いた外郭エッジ追跡アルゴリズムを用いる（4.4.2項参照）．そのアルゴリズムの適用結果を図7.2に示す．灰色は対象平面，黒色が外郭エッジである．

図7.2　外郭エッジ抽出結果

表 7.1　平面アプローチの誤差

線分交点の取得法	測定結果 [m]	標準偏差 [m]	実測値との残差 [m]
手動選択法	35.057	±0.126	0.143
線分指定アプローチ	35.236	±0.025	0.036
平面アプローチ	35.136	—	0.064

7.1.4　直線成分の交点算出と精度

　外郭エッジの直線検出結果をもとに，その線分の端点が非常に接近している場合，その両線分は交差しているものと仮定し，交点を算出する．線分方程式は，線分候補点すべての座標データをもとに，式(4.11)の最小二乗法を用いて算出する．

　ここで，線分と交点の誤差がどの程度かを明らかにするために，ビル前面の平面部の上部線分について，距離画像を用いて手動で選択したときと，この線分交点算出法による測定結果およびビル設計図による実測値とを比較する．その比較結果を表7.1に示す．手動による選択は10回の平均値としている．この結果，手動による選択よりは，線分指定や平面抽出のアルゴリズムを使用した方が高精度な結果が得られることが実証できている．

7.1.5　平面抽出アプローチを用いたモデリング

　距離画像装置の原データを3次元モデルとして表現するとき，数万点にものぼる測定点群によって構成されるメッシュは，膨大な数のポリゴンによって構成されている場合が多いので，そのままでは表示やデータ送信の効率が良くなく，実用的でない．そこで，平面アプローチにおける平面抽出結果を用いることによって，高精度のままでメッシュを構成する頂点削減を行い，ポリゴン数を減らすことを試みる．モデルを高精度のままで保つには，モデルを構成する平面の外形を崩さないことが重要である．そこで，抽出した平面の外郭を構成する測定点群と，平面内部の測定点群を別々に頂点削減を行い，削減された頂点を用いてメッシュを作成する．この処理のアルゴリズムの手順の概要を示す．

① 　平面アプローチによる平面の外郭点群と内部点群の識別
② 　yz 投影面を用いた平面内部点群の頂点削減（x軸は奥行き方向）
③ 　内部点群によるメッシュの作成
④ 　直線成分検出を用いた外郭点群の頂点削減

⑤ 内部点群メッシュと外郭点群の接続メッシュの作成

このメッシュ構成法では，平面内に存在する平面，例えば窓などを同一平面として認識しないため，デジタルカメラなどで撮影した画像を用いたテクスチャマッピングを施すことは難しい。そこで，テクスチャマッピングを考慮した平面のメッシュ構成法について以下に述べる。

7.1.6 平面内部点群の頂点削減とメッシュ作成

平面内部に存在する測定点群を削減するために，yz 投影データに対して一辺が Qs〔m〕のセルをスキャンする。そして，その矩形内に存在する測定点群の中心点を算出し，中心点以外を削減する。メッシュの作成については，この方法によって作成した頂点群に対して，2×2 セルにおいての頂点数によって次のように分け，メッシュを作成する。

① 4セルすべてに頂点が存在：4点を用いて2つのメッシュを構成
② 4セルのうち3セルに頂点が存在：3点を用いて1つのメッシュを作成
③ 4セルのうち頂点が存在するのが2セル以下：メッシュを構成しない

図 7.1（a）の対象ビル前面部平面に対して，セルサイズの相違と目安を示すために，$Qs=0.5$ により作成したメッシュを図 7.3（a），$Qs=1.0$ の場合を図（b）に示す。

7.1.7 外郭点群の頂点削減

平面アプローチにおける外郭線追跡アルゴリズムにより求められた外郭点群のリストを用いて，外郭点群の頂点削減を行う。この頂点削減では2回に分けて処理を行う。まず，外郭点群を，その頂点同士の距離を用いて一定間隔で削減する。外郭点群リストの頂点同士の距離 Δl_i に対して，式(7.1)を満たす頂点のみを残し，その他を削減する。n は削減後の頂点数である。

$$\Sigma \Delta l_i > n \cdot Qs \tag{7.1}$$

次に，直線成分の端点が接近している2直線に対して，その近似交点を算出し，2直線の端点間に存在する頂点を削減し，近似交点に置き換える。これらの処理を行うことで外郭点群の頂点数を削減する。

内部点群メッシュと外郭点群の接続メッシュ作成をする順序としては，内部点群によるメッシュと，頂点削減された外郭点群を接続するメッシュを作成してから，

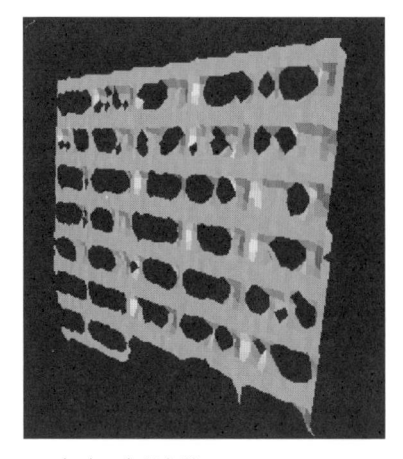

(a) 内部点群メッシュ $Q_s=0.5$ (b) 内部点群メッシュ $Q_s=1.0$

図7.3 セルサイズの相違の結果

表7.2 頂点削減の比較

モデル	原データ	$Q_s=0.3$	$Q_s=0.5$	$Q_s=1.0$
内部頂点数	—	6 307	2 603	744
外郭頂点数	—	672	402	199
総徴点数	24 509	6 978	3 005	943
ポリゴン数	—	6 419	2 781	903

最終的に平面のモデルを完成させる。接続メッシュの作成方法は，それぞれの外郭点 P_i 対して，内部点群の中で外郭点と一番距離が短い点 P'_i を最近点とし，P_i, P_{i+1}, P'_i, P'_{i+1} を用いてメッシュを作成する。図7.3 (a) ($Q_s=0.5$) のメッシュに接続メッシュを加えたものを図7.4 (a)，図7.3 (b) ($Q_s=1.0$) の場合を図7.4 (b) に示す。さらに，原データと ($Q_s=0.3$, $Q_s=0.5$, $Q_s=1.0$) の頂点数の比較を表7.2 に示す。

7.1.8 テクスチャマッピングによるメッシュ作成

ポリゴンメッシュの構築方法では，ビルの平面内に存在する窓などのオブジェクトを同一平面として扱わないため，デジタルカメラなどで撮影した画像を用いたテクスチャマッピングを行うことは難しい。そこで，平面方程式と，平面の外郭点群

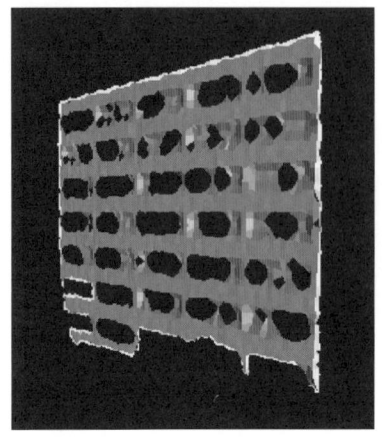

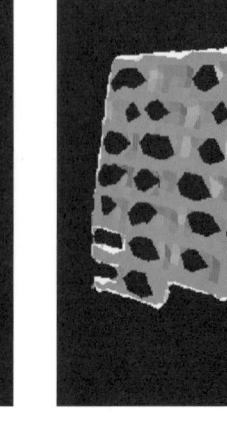

(a) 平面モデル $Q_s = 0.5$ （b） 平面モデル $Q_s = 1.0$

図7.4 セルサイズによる平面モデル

を用いてポリゴンメッシュを作成することで，テクスチャマッピングを施しやすくすることができる．その手法は次の順序で行う[7-2]．

① ビルの対象平面をデジタルカメラなどで撮影し，その平面部分を図7.5（a）のような正面図に加工する
② ビルの対象平面の平面方程式を算出する
③ 平面の外郭点群を検出する
④ 図（b）のように平面方程式により求められた平面の外郭点群に閉塞された部

（a） 平面モデル $Q_s = 0.5$ （b） 頂点の配置 （c） テクスチャマッピング

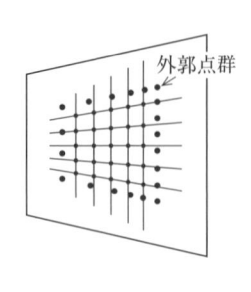

図7.5 レンジ画像処理によるテクスチャマッピング

分に格子状に頂点群を配置し，外郭点群および追加した頂点群を用いてポリゴンメッシュを作成する
⑤ その平面にテクスチャマッピングを施す

この手法の場合，平面の外郭線が距離画像データ内にすべて存在する必要があるので，それらが写っていないときは，複数の地点からの融合データを用いる．図(c)は，テクスチャマッピングのサンプルとして，線分指定アプローチによって求めた建物のサイズにより作成した箱型のモデルに対して，それを施したものである．

7.1.9 ビルのモデリングの結果

線分指定アプローチの線分計測実験の比較結果では，表7.1に示されるように，ばらつきを示す標準偏差は，手動選択と線分抽出法を比較すると，要素Bにおいて約80％，要素Dにおいて約20％の向上が得られた．さらに，実測値を用いてその精度を算出すると，要素Bの精度は$h_B ≒ 1/1\,000$，要素Dの精度は$h_D ≒ 1/160$となる．要素Bと要素Dの精度の違いについては，要素Bは要素を構成する測定点群が，測定方向に対して垂直に位置しており，すべての点群が距離画像内ではっきりと測定されているのに対して，要素Dの測定点群は測定方向に対して平行に位置しており，測定地点から離れている測定点群が含まれているためである．この手法を用いると，距離画像内にワイヤーフレーム要素の端点が写っていなくても，その端点を構成する線分要素が存在すれば，それを推定して算出できる特徴がある．

また，平面抽出の精度は，端点の手動抽出の精度が$h_B ≒ 1/250$であったのに対して，平面抽出アプローチの精度は$h_B ≒ 1/560$となり，この手法が高い精度でワイヤーフレーム用端点を抽出することができることが判明した．この手法の特徴として，いくつかの閾値を設定するだけで，距離画像に写る線分要素を自動で抽出できる点がある．しかし，この閾値は，距離画像に応じて経験的に決定する必要があり，閾値を自動で設定できるようなシステム改良が必要である．

モデリングの頂点削減では，表7.2に示されるように，Q_sの値を変化させることによってポリゴンメッシュの数を調節することができる．また，この方法は平面アプローチの線分交点算出法を用いているので，高精度のモデルを作成することができる．

上述のビルのモデリングでは，建物モデルを生成するときのワイヤーフレーム要

素である.エッジ要素を高精度で抽出する方法として,ワイヤーフレーム要素の中間点に存在する測定点群を用いて,線分方程式を最小二乗法により算出し,その端点である線分の交点を高精度で算出する手法を述べてきた.また,建物のエッジ要素を抽出する方法として,線分抽出を用いたアプローチと,平面抽出を用いたアプローチの2つの手法を提案した.

この手法によって抽出された線分の精度については,それぞれの線分計測で,ワイヤーフレーム要素の手動による端点選択よりも高精度に抽出されているのが明らかになった.また,それら2手法の特徴として,線分抽出を用いたアプローチでは,距離画像内にワイヤーフレーム要素の端点が写っていなくても,その端点を構成する線分要素が存在すれば,それを推定して算出することができる.さらに,平面抽出を用いたアプローチでは,平面区分化や直線近似化法の閾値を設定するだけで,線分要素を自動で抽出することができるのも特徴である.

このモデリングの拡張としては,定型市販サッシをはめ込む処理を追加すれば,より詳細なモデリングへと発展させられる.

7.2 橋梁の架設と補修

橋梁工学の先進国のドイツは,世界に多彩な形状の橋梁建設に貢献してきたが,橋梁を安定させるためには,水平力 H,垂直力 V,モーメント M の各総和をゼロにするように設計がなされてきている.しかし,経年変化による老化や震災事故の影響によって,この安定性が保たれないので,定期点検や地震後の点検がなされてきている.

特に,平成23年3月11日に発生した東日本大震災のような,マグニチュード9強の大地震と,これに伴う大津波の影響は,橋梁を含めた構造物に甚大な被害をもたらした[7-3].橋梁は河川を跨ぐ道路でもあり,橋梁の事故が,交通渋滞というより交通遮断を起こすことになるため,輸送経済の停滞を招き,市民の移動を遮るものである.このためにも既存橋梁の現状調査は,欠かせない問題である.

レーザスキャナの発達によって,橋梁のモデリングに点群データによるレンジ画像の可視化技術が使われ,任意の視点からの観測を容易にしてきたことから,単なる事故前後の比較や,静止荷重による撓みや歪み量の算出だけでなく,新建設前に,

7.3 樹木葉の計測　*181*

（a）日野橋梁の路面形状　　　　（b）日野橋梁の下面の形状

図 7.6　橋梁の路面と下部構造の形状

建設・設計部門だけでなく，関連する県，市町村の行政や一般市民の説明に橋梁 3D モデリングが使われ始めてきている。

また，全日走行する橋梁の調査には，一時的な交通遮断は付き物であったが，この遮断時間の短縮にもレーザ・スキャナによる測量や計測が役に立っている。

東京都立川市と日野市を跨ぐ日野橋梁の 2 車線道路を約 30 秒で計測して作成した画像が図 7.6（a）である。図（b）は，日野橋梁側面，真下からの画像である。

従来，橋梁部材を調べるにしても，いちいち橋梁図面の補間場所から設計図面を閲覧し，材料表からサイズと形状を調べなくてはならなかった。しかし，このような位置でレンジ画像を収集しておけば，専門分野の方が，3D モデルを見て，レンジ画像から 3 次元座標値を参照することで，多くの概算の数値を事前に知ることができるというメリットがある。

また，教育界では，従来 2 次元の図面でしか資料提供できていなかったが，今日では，無償ビュアを使って wrl や vtk の拡張子の 3D データを可視化表示したり，レンジ画像で橋梁を観測しながら，全長，スパン長，各部材長，高蘭長，外灯高などの橋梁構造を多角的に観測・測長して，理解を深めるのに役立っている。

7.3　樹木葉の計測

7.3.1　単樹木の計測概要

レーザスキャナによるレンジ画像を用いて，今まで測定困難とされていた不定形

物体の計測をして，その成果を森林資源分野に役立てる試みがなされてきている。樹林は隣接木があり，樹木形状を多方向から観測することが困難な場合が多く，一方向からの外形を使用する程度である。近年の地球環境問題の1つに，CO_2の分布量の増大が問題となっているなかで，森林の存在の重要性が再認識されており，樹木の高精度計測法が不可欠である。

ここでは比較的レンジ画像処理の容易な事例として，樹木を非対称物体と想定して取り上げる。計測対象は孤立木のイチョウの木とし，葉で覆われているキャノッピの表面積の算出と，キャノッピで覆われる容積の高精度算出をする方法を紹介する。この孤立木葉の表面積と容積の算出方法だけでなく，算出誤差の度合いを示すことにより，レンジ画像利用の実用性が明らかにできよう。

データ収集用のレーザスキャナ（LMS-Z210i型）は，野外対象物体に向かって右上から縦方向にスキャンを開始し，標準設定では，仰角 $+40°$ から俯角 $-40°$ を1走査で行い，横方向に444点の走査，縦1走査当り444点を測定する。データ収集時のデータ変換ソフトウェアは，3DRiSCANを使用する。

また，レンジ画像は画素濃度以外に3次元座標 (x, y, z) の情報を保有しているため，樹木葉の表面積と容積算出だけでなく，wrlフォーマットのデータ変換が容易で，VRML言語などを用いての3D仮想空間表示が可能になり，樹木のモデリングに活用できる。

7.3.2　孤立木葉の表面積と容積の算出法

樹木の形状は種別によって異なるが，概形を定めるには，一般に，胸高直径，樹冠，樹高，枝振りなどを要素としている。そこで，樹木周辺を取り巻くように，観測地点を3方向から計測し，各方向からの樹木の外形から樹木形状要素を算定するが，レンジ画像の特性を生かして，撮影方向（x軸）に対して Δx ごとに樹木をスライスした断面画像を作成し，これらの各断面積 A_i から，樹木の表面積 S と容積 V を算定する。各断面画像では，外形の輪郭を閉合させることによって，トラバース測量の倍横距法（式(7.2)）を用いることができる。また，表面積は外形のエッジで結合される関数を $f(x)$ としたとき，表面積 S は式(7.3)で求められる。さらに，$f(x)$ で囲まれる容積 V は式(7.4)となる。

$$2A_i = \sum (x_{i+1}-x_i)(y_{i+1}+y_i) \quad (i=0,1,\cdots,n) \tag{7.2}$$

$$S = 2\pi \int_a^b f(x)\sqrt{1+\{f'(x)\}^2}\,dx + A_0 \tag{7.3}$$

$$V = \int_a^b f(x)\,dx \tag{7.4}$$

　上式の S, V は回転体の関係式のため左右対称のものに適用されるものであるから，断面形状での面積 A_i（$i=0\sim n$）は非対称で算出し，これを同値の円形に変形して，半径 r_i を算出してから円錐台の関係式を適用する．この変換以外にも等高線法や角柱近似なども考えられるので，円錐台変換以外の算出も行い，これらを比較評価する．具体的な容積算定には次の算定式を用いる．

$$V_r = \frac{l}{3}\sum_{i=0}^{n-1}(s_i+s_{i+1}+\sqrt{s_i s_{i+1}}) \tag{7.5}$$

$$V_k = \frac{l}{3}\{s_0+s_n+4(s_1+s_3+\cdots+s_{n-1})+2(s_2+s_4+\cdots+s_{n-2})\} \tag{7.6}$$

$$V_c = \frac{l}{2}\{s_0+s_n+2(s_1+s_2+\cdots+s_{n-1})\} \tag{7.7}$$

　3方向から孤立木葉の表面積の平均値：S_{mean} と容積の平均値：V_{mean} は，式(7.4)～(7.7)から求める．

7.3.3　レンジ画像による孤立木葉の計測

　イチョウの孤立木の調査のためにレーザスキャナを設置する3方向の位置を P_{0i}（$i=1\sim 3$）とし，オブジェクトまでの距離 D_i（$i=1\sim 3$），撮影方向への夾角 θ_i（$i=1\sim 3$）とすると，これらの関係は，図7.7，表7.3のようになる．測点 P_{0i} から抽出されるレンジ画像は，レーザスキャナ装置を三脚台に設置して円形気泡管でほぼ水平に装置を保ち，次に，オブジェクトの樹木がほぼ中央にくるように撮影基準を決めてからスキャンを開始する．

　測点から規則的にサンプリングすると，直線上のものが遠近によっては多少歪みを生じてくるので，平面幾何関係を保持するには2次元画像に変換する．これは一種のレンジマッピングである．一般に CAD で用いる平面は立面図，側面図を作成

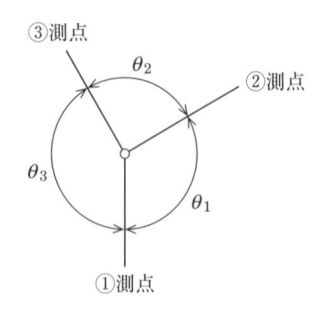

図 7.7 撮影配置の概要

表 7.3 オブジェクトの位置の関係

測点	撮影距離〔m〕	夾角〔°〕
P_{01}	$P_1=23.00$	$\theta_1=112.5$
P_{02}	$P_2=21.80$	$\theta_2=105.0$
P_{03}	$P_3=20.40$	$\theta_3=142.5$

するには平面投影アルゴリズムを介する。ここではレンジ画像は抽出方向に x 軸を定めているので，yz 平面のレンジ画像を用いる。

レンジ画像から x 軸方向が距離を表していることを想定すると，Δx ごとの yz 断面の抽出も容易であると推定できるので，この利点を生かして，孤立木の存在する空間を x 軸方向に Δx ごとに樹木をスライスして，各スライス画像の孤立木の外形輪郭を抽出することにする。このスライス画像上では，樹木の断面の輪郭が連結しない部分も生じるために，直線近似で外形を接続処理することにした。このスライスレンジ画像を図 7.8（a）に示す。Δx は測点 P_{0i} から樹冠外形と接する位置と，孤立木中心の偏差を考慮して $\Delta x=20\,\text{cm}$ とする。その画像外形の輪郭抽出を図（b）に示す。

7.3.4　イチョウ孤立木のレンジ画像計測結果

レンジスキャナを用いて，3方向からの測長 $l_y \fallingdotseq 20\,\text{m}$ からイチョウを実測し，樹木の枝張り l_x，樹冠長 l を求めた。この結果を表 7.4 に示す。この孤立木（イチョウ）の胸高直径は地上 1.2 m において $l=2.25\,\text{m}$ であったので，胸高直径は約 $R=0.716\,\text{m}$ である。

次に，画像処理によって，図 7.8（a）に示したスライスレンジ画像から，図（b）

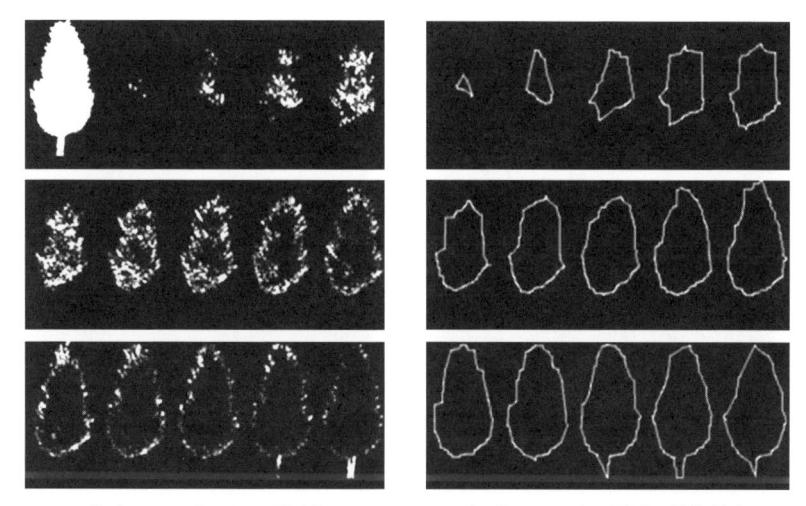

7.3 樹木葉の計測

（a）スライスレンジ画像　　　　　（b）スライス断面の輪郭抽出

図7.8　スライスレンジ画像からの輪郭抽出

表7.4　イチョウ葉の表面積と容積

測点	測長 l_x 〔m〕	樹冠直径 l_y 〔m〕	樹冠長 l_z 〔m〕
P_{01}	23.0	5.16	11.17
P_{02}	21.8	5.97	11.44
P_{03}	20.4	5.03	11.58
平均	—	5.39	11.40

のように輪郭抽出を行い，断面積 A_i を式(7.2)より算出をした。次に，式(7.3)を用いて各測点ごとにイチョウのキャノッピを算出するために，式(7.3)〜(7.7)を用いて表面積 $S_i(I=1〜3)$ を算出した。さらに，式(7.5)〜(7.7)を用いて円錐台近似容積 V_r, 等高線法による容積 V_k, 角柱近似容積 V_c を求めた。P_{0i} における S, V 値と式(7.3)〜(7.8)から孤立木イチョウの表面積 S, 容積 V_{rmean}, V_{kmean}, V_{cmean} を算定した。この結果を表7.5に示す[7-4]。

イチョウの樹冠直径の平均は $l_y=5.39\pm0.29$ m となり，樹冠長は $l_z=11.40\pm0.12$ m の結果を得た。

次に，孤立木イチョウの葉が覆う表面積は $S=33.47\pm1.14$ m^2 となり，一方向からの観測結果では約 $\varepsilon=1.41$ m^2 の誤差が発生し，平均値に対しても $\varepsilon_m=\pm1.14$ m^2

表7.5 イチョウの表面積と容積

測点	表面積 S [m²]	円錐台近似 V_r [m³]	等高線法 V_h [m³]	角柱近似 V_c [m³]
P_{01}	31.57	66.81	66.93	67.33
P_{02}	35.50	82.58	82.73	82.67
P_{03}	33.32	69.94	70.07	69.34
計	33.47	73.11	73.24	73.11

生じた。このことから，キャノッピ算出を一方向からデータ収集したとき，誤差が大きく cm² 単位の評価は困難といえる。

次に，孤立木イチョウの葉で覆われている容積の算出については三種の近似式を用いてみた。この結果，表7.5のように，円錐台近似式では $V_r=73.11\pm4.83$ m³，等高線法近似式では，$V_h=73.24\pm4.83$ m³，角柱近似式では $V_c=73.11\pm4.81$ m³ となり，近似式の適用の偏差は少なくいずれの式を使っても良さそうである。

以上のことから，孤立木の葉で覆われる表面積や容積の概算にレンジ画像データの適用は有効であるから，樹木の事例を増すことで，樹齢別の算定や他の種樹への応用ができる基盤が確立できよう。これらのことにより森林内の樹木計測への手がかりともなる。

7.4　トンネル断面計測

トンネルの全断面掘削と，左右からのトンネル中心線の不一致誤差の縮小技術によって無駄な接合面の掘削もなくなってきている。しかし，軟弱地盤や断層面に直撃するケースも多く，掘削中の急変土圧に対しての処理が遅れると，甚大な被害をもたらす可能性が大きい。このような問題を含めて，掘削・巻き立てに対しては常時監視が必要で，少なくとも計画掘削・巻き立てにかかる測量は欠かせない業務事項である。そこで，最近は，トンネル内にレーザスキャナを配置して，図7.9のような主要点を定期的に測量するのに使われている[7-5]。このようなケースにおけるレンジ画像データの活用によるトンネル建設の情報を管理する利点をまとめると，次のようになる。

① トンネル建設に必要なデータ管理にレンジ画像データを収集することで，従来の点測量データ群 $P(X_i, Y_i, Z_i)$ の一部をレンジ画像データに置き換えること

(a) 巻き立て前の状況    (b) 巻き立て後の状況

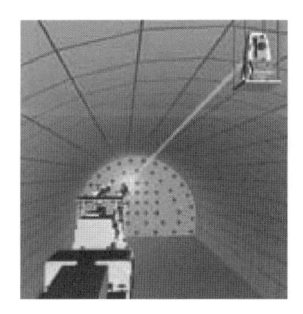

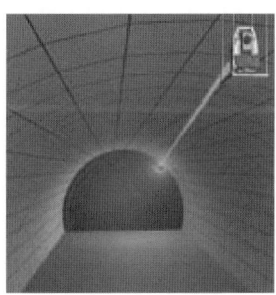

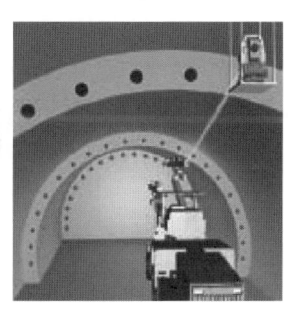

(c) 巻き立て区間トンネル断面計測[7-5)]

図7.9 トンネル内の巻き立て工事内のレーザスキャナ測量

ができる。

② レンジ画像データは，水平角 α，鉛直角 β，斜距離 d からの位置データ P(X, Y, Z) 以外に，物体の赤外反射強度 Int，可視反射強度 $R\cdot G\cdot B$，計測時間 t のデータを同時に測定できるため，このデータ群から従来時刻に関係付けたトンネル構内の時系列的な建設状況をモデリングして永久保存できる。

③ トンネル巻き立て前のトンネルモデリングが現場において30分程度で生成可能なため，現場で巻き立て厚さの適正をすぐに論議・検討して，巻き立て厚さの加不足部分を点位置でなく，立体的に把握し，現場監督がリアルタイムに掘削部分を作業員に具体的に指示できる。

④ トンネル巻き立て前に，適当な間隔の距離でレンジ画像データを抽出して，仮想空間内に高精度なトンネルモデリングを組み立て，巻き立て前後をモデル化でき，巻き立て前にも再確認ができる。この結果，無駄なコンクリートを削減

できる。
⑤ 最新のトンネルのモデルは，現場だけでなく作業所，事務所，支店，本店などに居るトンネル管理者が，リアルタイムに建設作業状況を把握できるため，現場の進行状況を的確に把握でき，対応策を計画できる。また，多忙な管理者の時間的な節減，旅費の削減ができる。

また，レーザスキャナによるトンネルモデリングには，次の装置やソフトウェアを必要としている。

- レーザスキャナ装置（レンジ画像原データの収集）
- トンネル基準点や標定点データからの座標変換ソフトウェア
- トンネルモデリング用の特有データ群の融合ソフトウェア
- トンネルモデリングへの解析ソフトウェア（先客特有のものを含む）
- 必要に応じた縦断図，横断図，鳥瞰図などの出力
- 測量点データ，形状データ，区間データの定期的な出力

トンネル断面計測をしてレンジ画像データを処理するに当たっての検討事項としては，市販レンジ画像処理ソフトの選定とこれに伴う内部技術開発を，どこまで進めるかなどを検討することであろう。

7.5　文化財保護の計測

世界遺産条例は，1972年ユネスコ総会で認められ，共有すべき顕著な価値をもつ物件（文化，自然，複合遺産）が登録されている。わが国でも知床，白神山地，平泉の文化遺産，日光の社寺，小笠原諸島，冨士山，白川郷，五箇山の合掌造り集落，京都・奈良の文化財，法隆寺の建造物，紀伊山地の霊場と参詣道，姫路城，原爆ドーム，厳島神社，石見銀山遺跡と景観，屋久島，琉球王国の遺産群などがよく知られ，毎年管理費を各機関で計上し，使用している[7-6]。また，日本の国宝としては，建造物，絵画，彫刻，工芸，書籍・典籍，古文書，考古的資料などがあるが，保存対策にレーザスキャナによるレンジ画像データの収集が進んできている。さらに，都道府県や市町村でも記念物（公園，樹木，動物など）の指定をして，保存・保護に努力している。レーザスキャナによるレンジ画像データの収集は，保存状況を3次元データで隈なく一律にできるため，災害による破損・破壊などが発生しても復

図 7.10 盛岡石割桜と盛岡城跡公園内の石垣の外観

元が容易であるからである．また，多くの観光客に対して，従来，印字物，写真やビデオ映像でのアピールしかされていなかったが，レーザスキャナによる点群データの収集をしておけば，対象の周辺からの立体レンジ画像を，市民や観光客に閲覧してもらえよう．これらの総数は，数えても数えきれないのが現状である．さらには，個人的な家屋，家具の貴重品などを加えると何台のレーザスキャナを準備しても，時代の進行にはほど遠いと思われる．

レンジ画像データベース協力会（RIDA）[7-7]と画像文字情報研究会（ICI）[7-8]が協力して収集した点群データだけでも，沖縄から東北地方まであり，その例としては，金閣寺，東寺の五重塔，会津若松の鶴ヶ城，白水堂，岸和田城，沖縄の念頭松，盛岡の城跡と石割桜などがある．その一部の外形を図 7.10 に示す．

7.6 災害地区の調査

わが国は火山帯が多く，かつ地震帯にあり，火山と地震による天災に見舞われてきた．火山と地震による被害に加え，火災や津波を引き起こす原因でもある．最近では，2011.3.11 に発生した東日本震災は，マグニチュード 9.1 という巨大地震で，津波と原子力発電所破壊を誘発し[7-9]，甚大なる被害をもたらした．このような被害の復興には時間を要するものの，緊急対策をするには，迅速な情報収集が欠かせず，マクロ的には，人工衛星画像や航空機調査画像が被害当日から収集される．しかし，現場の詳細な状況把握には，メディアや観測者が現地に立ち入らなければならず，一部の道路の障害物の撤去をしながらの進行で始められる．このときに写真，画像

図 7.11　名取市閖上の外観と点群データの VRML 表示

は広域把握に重宝がられるが，3次元で現状把握をするほうが，被害現場状況を説明しやすく，現場把握をオフィスで待ち受けているグループ達にも判断しやすい資料こそが重要である．このような緊迫した状況下では，レーザスキャナによる点群データの収集が最適であることは理解できることである．

　東日本震災地区のレンジ画像データの収集を実施した RIDA の事例として，宮城県名取市閖上(ゆりあげ)の外観と点群データの VRML 表示を図 7.11 に示す．

7.7　走行車上からの動的高速道路測定

　これまで距離情報を取得できるレンジ画像は，レンジスキャナが静止させた位置から撮影された場合を紹介してきた．本節では，レンジスキャナを移動しながらレンジ画像データを収集する応用例を示す．この利用例は，解析が複雑なためにほとんど活用されていない．

　レンジスキャナを移動させながら画像収集するには，同時にビデオを撮影して，両者のデータを関連付けながら解析する方法を紹介する．この方法では，撮影されたビデオ画像とレンジ画像とを対応させなければならないので，単縦走査レンジ画像に対応できるスリット画像をビデオ画像から生成して，これをレンジ画像のラインデータと対応させる．

　撮影対象物は，映像内で比較的急変しない形状を保持できるように，ここでは連続的形状を呈している高速道路を取り上げる．この高速道路（日立北〜高萩）上を走行する車は，走行速度が $v \fallingdotseq 80 \,\mathrm{km/h}$ の一定とする．しかし，走行車は安定して

いても，撮影時に微小な走行振動を受けてしまう。この振動ノイズを除去する方法などを以下に述べる。

7.7.1 レンジ画像データとビデオ画像の収集

　レーザスキャナは 3D-Laser Mirror Scanner LMS-Z210i を用いる。この装置は，装置前方の風景に対して，垂直操作を連続的に繰り返して，斜距離を瞬時に収集するため，レーザスキャナの計測移動を補正すれば，静止位置からのレンジ画像データとして換算可能である。

　レーザスキャナは，図 7.12 (a) のよう設置し，高速道路を走行中，繰り返し動的レンジ画像を撮影する。これはレーザスキャナを車内の三脚に固定し，サンルーフから機材を外に出して撮影する。

　動的レンジ画像を撮影する際の計測条件として，次の点が上げられる。

a. レーザスキャナが移動車両にしっかり固定されていること。

　移動車両の振動がレーザスキャナに正確に伝わるようにし，移動車両とレンジスキャナとの間の振動を，動的レンジ画像に正確に反映させるためである。

b. 動的レンジ画像のどのラインにも移動車両の一部が撮影されていること。

　後に処理するノイズ除去の過程で，この移動車両の一部（車両屋根の外形）を利用してノイズ除去を行うため，図 (b) のように全てのラインに，この移動車両が撮影されている必要がある。

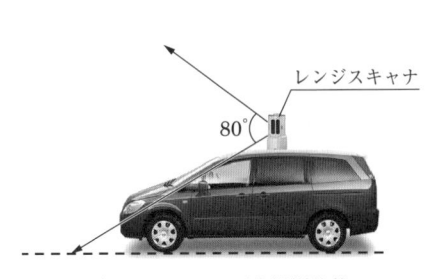

（a）動的レンジ画像撮影状態　　　　　　（b）取得レンジ画像

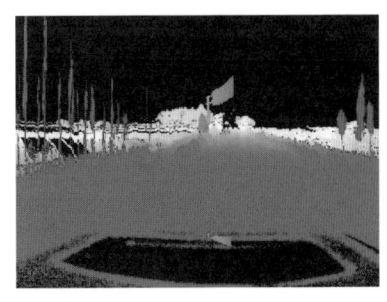

図 7.12　走行車からのレンジ画像抽出

(a) ビデオ画像の撮影状態　　　　　　　(b) 取得ビデオ画像

図 7.13　走行車からのビデオ画像抽出

7.7.2　ビデオ画像

　動的レンジ画像を抽出するのと同時に，ビデオ画像を撮影するビデオ位置は，操作を容易にするために，図 7.13 (a) に示すよう車内に設置し，フロントガラス越しに撮影する．ビデオ画像を撮影する際の計測条件として，次の点があげられる．

a. ビデオ装置が移動車両にしっかり固定されていること．

　移動車両とビデオ装置との間の振動がビデオ画像に正確に伝わるようにし，ビデオ画像中の移動車両の振動と，レーザスキャナで撮影された動的レンジ画像の移動車両の振動を正確に関連付けるためである．

b. ビデオ画像のどのラインにも移動車両の一部が撮影されていること．

　後に処理するノイズ除去の過程で，この移動車両の一部（ダッシュボード）を利用してノイズ除去を行うため，図 (b) のように走行車の一部（ダッシュボード）が撮影されている必要がある．

7.7.3　振動ノイズ除去

　レーザスキャナを移動させて動的レンジ画像データを抽出すると，走行車の移動時に緩やかな上下振動をするために，縦スキャンの初期値がこれに応じて上下振動するため，これを取り除く画像処理を伴う．上下振動ノイズを除去するには，レンジ画像の縦スキャンの時間に合わせて，各フレームのビデオ画像をキャプチャし，このキャプチャ画像からスリット画像を生成する．

(a) ビデオ画像　　　　　　　　　　（b) スリット合成画像

図 7.14　ビデオスリット画像の合成

1) ビデオ画像による標定

ビデオ画像から一定時間間隔で図 7.14 (a) のようにキャプチャ画像を取り出し，この各キャプチャ画像から縦スリット画像を生成して，これを連続的に並べると，図 (b) のようなスリット合成画像ができあがる。このスリット合成画像のノイズ量は，ビデオ画像の下段に映し込まれているダッシュボードを基準にして行う。この方法は，レンジ画像中にノイズ除去に関する基準対象物が撮影されていない場合に有効である。

2) レンジ画像中の基準対象物による標定

レーザスキャナと同じ振動の影響を受ける基準対象物をレンジ画像中に目視可能なとき，その基準対象物の振動状況を考慮してノイズ除去することができる。複数のレンジ画像中の基準対象物の性状値でノイズ除去する。この場合も，基準対象物が常に写っていて，撮影位置の変化がないことが条件である。移動車両の一部（図 7.15 の車の屋根）を基準対象物とする。この振動量は，検証用に使用する。

図 7.15　走行中のレンジデータの画像化

3) ノイズ除去の適用

　スリット合成画像からのノイズ量を求めて，画素量として表現したものを，図7.16上部に示し，これに相当して，レンジ画像データを補正する状況を，図下部に示した．図7.17は動的レンジ画像に含まれたノイズの性状を除去する過程を示し

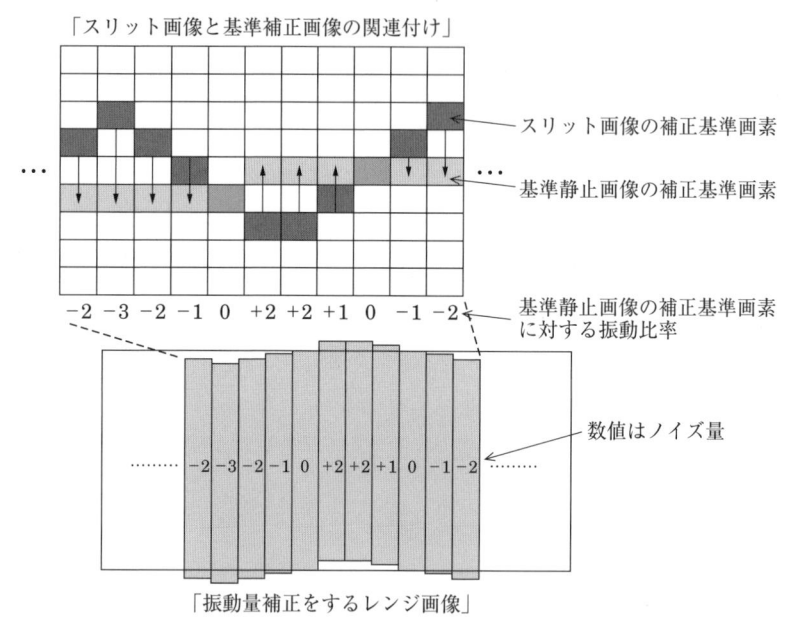

図7.16 スリット画像のノイズ量のレンジ画像データへの対応

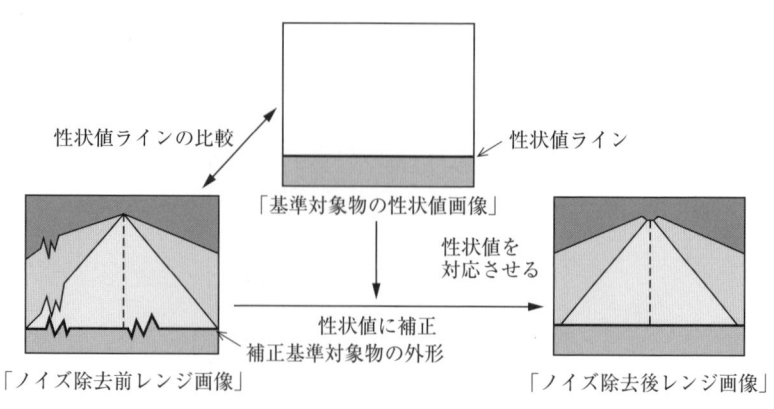

図7.17 動的レンジ画像に含まれたノイズの性状を除去する過程

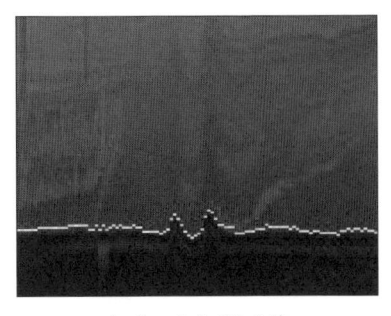

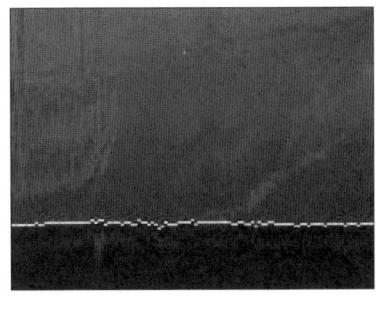

(a) ノイズ除去前　　　　　　　　(b) ノイズ除去後

図7.18　走行振動ノイズの除去

ている[7-10]。

スリット画像を生成するには，まずビデオ映像より静止画像を生成し，レンジ画像の1ラインと静止画像の1スリットを対応させる。このために，レンジ画像1ラインのスキャン時間を計算し，静止画像を生成する間隔を決定する。静止画像の生成には，PCコンピュータ，動画編集ソフト（Adobe Premiere）およびビデオカード（Matrox）を用いている。

ビデオ画像の振動ノイズを参考にしてレンジ画像データのノイズ除去をした前後の図7.15走行中のレンジデータの一部を図7.18（a）のように拡大表示してみると，車体屋根を映しこんでいた部分に発生していたノイズが図（b）のごとく除去されていたことが検証できた。

7.7.4　レンジ画像データの距離補正

レーザスキャナを移動させて撮影しているため，レンジ画像の各ラインは，異なる撮影地点からのデータ列である。このため，固定座標からの距離情報を得るには，次の場合に分けて距離情報を取得する必要がある。

a. 移動条件を考慮しない距離情報の取得処理

各測定点の距離・仰角・水平角から3次元座標 (x, y, z) を算出する。この3次元座標を用いて測定点間の距離情報とする。

b. 固定座標からの距離情報への変換処理

最初の縦スキャンしたときを原点にすると，スキャン間隔に要する時間 t_1（約

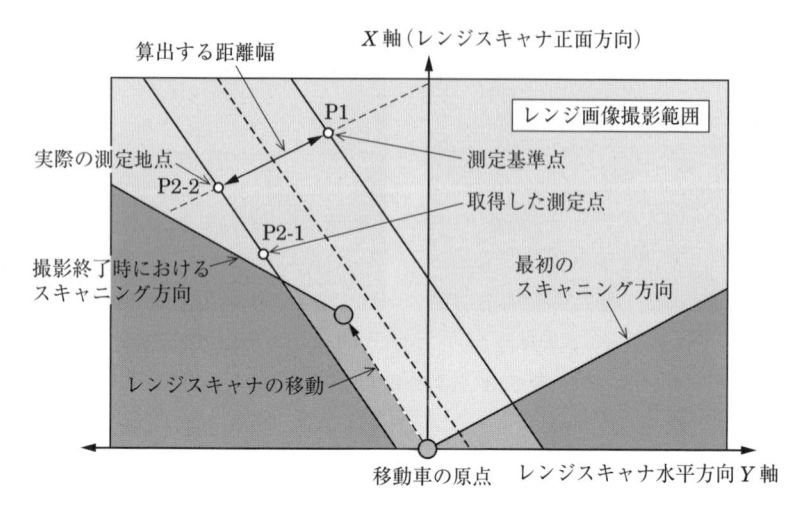

図7.19 車の移動条件を考慮した距離情報取得状況

0.05〔″〕）の間にレーザスキャナが前進した距離 s_1 は，$s_1 = vt_1$（10/9〔m〕）となるため，各 n 回のスキャンデータから算出される前方 XY 平面での距離は，ns_1 となるための X，Y 座標値には，nxs_1 の X，Y 軸成分が追加されることになる．この状況を説明したのが，図7.19であり，走行車の移動条件を考慮したレンジ画像データの，XY 平面における距離情報の取得範囲を示している．走行に応じて高低差を生じるときは，レンジ画像データの Z 値にも補正高さを加味されるが，仮に，平地走行の場合は，Z 軸は，標高を表す値は一定となり，Z 値の補正は不要となる．

7.7.5　補正レンジ画像データの検証

車の移動条件を考慮した距離補正後のレンジ画像の実用性を検証するために，図7.20のような車線分離の白線を利用して，9個の検証点を用いて車線幅を算出してみた．この結果，誤差の平均は数 cm 単位となり，十分モデリングには使用できることが判明した．

しかし，長距離になると精度の低下は避けられないので，100 m 程度の近距離による一部の高速道路を拡張して，モデル作成に使用することが得策といえよう．このような意味を含めて7.8節に高速道路のモデリングを追加した．

図 7.20 距離補正されたレンジ画像上の検証点

7.8 高速道路モデリング

7.7 節の高速道路の区間モデルを基盤にして，高速道路のカーブを実測から算出してモデリングすると，走行距離誤差が累積する可能性があることから，日本道路公団の提供による図面データを入手して，これを参考とした．この走行距離データとカーブの曲率半径を図面から読み取ったものを表 7.6 に示す．

また，高速道路の設計図や，距離データから距離情報を算出する手法で距離情報を取得できない部分は，ビデオ画像から収集してモデリングする．ここでは，高速道路を構成する主要な部分である，中央分離帯，側壁，ガードレールの 3D モデルを作成することにする．このモデルの組み合わせにより，多様な高速道路のモデリングが可能となる．

中央分離帯の 3D モデルとしてまず 2 種類用意した．中央分離帯 (1) は，図 7.21 (a) のように孤立した樹木が植えられているもの，中央分離帯 (2) は図 (b) のよ

表 7.6 距離と曲率半径

距離 [m]	曲率半径 [m]	距離 [m]	曲率半径 [m]
0	……	4 980	$r=0$
430	$r=0$	5 860	$r=1 500$
1 446	$r=25 000$	6 520	$r=1 300$
1 980	$r=1 800$	7 680	$r=1 300$
2 746	$r=1 200$	8 560	$r=2 000$
3 220	$r=1 500$	9 700	$r=1 200$
4 160	$r=1 300$	10 641	$r=2 000$

(a) 中央分離帯(1)　　　　　　(b) 中央分離帯(2)

図 7.21　中央分離帯のモデル

(a) 側壁(1)　　　　　　(b) 側壁(2)

図 7.22　側壁のモデル

うに垣根状に樹木が植えられているものである。

　側壁の 3D モデルとしては，図 7.22 の側壁 (1) は表面が盛り上がっている土壌の側壁であり，図 (b) の側壁 (2) は下方がコンクリートで，上方が草で覆われている表面を表している。

　ガードレールの 3D モデルとしては，図 7.23 (a) は 1 枚の鉄板から構成されているガードレールで，図 (b) は 5 本の鉄線から構成されているガードレールで，図 (c) は 2 枚の鉄板ガードレールである。ガードレールのポールの建てられている間隔は 10 m に設定している[7-11]。このガードレールの種類は，車道の側壁側と中央分離帯側とで異なるものを設定することが可能である。

　上記のモデルを組み合わせることで，図 7.24 の高速道路のモデルが容易に作成でき，測長に応じたクロソイド曲線を挿入することができ，中央分離帯，側壁，ガードレールの部品を多種にすることによって，高速道路のモデルを区間ごとに変化させることができる。

（a） 1枚の鉄板のガードレール

（b） 5本の鉄線のガードレール 　　　（c） 2枚の鉄板のガードレール

図 7.23　ガードレールのモデル

（a） 高速道路のモデル(1) 　　　（b） 高速道路のモデル(2)

図 7.24　高速道路の側壁のモデル

7.9　電子透かしとスレガノグラフィ

　レンジ画像データの生データは，データ列が公開されておらず，各社特有のフォーマットになっている。このデータ列には，データ保護がなされているからである。データ保護技術は，伝統的な暗号技術と，情報ハイディング技術に分類されるが[7-12]，ある法律で規制されていると考えたほうがわかりやすい。したがって，データ群に，新たな情報ハイディング技術を付加すれば，その情報の解読は困難と推定される。そこで，情報ハイディング技術である「電子透かし」と「ステガノグラフィ」の問題に触れ，レンジ画像データの活用性を探ってみる。

7.9.1　リモートセンシング画像への電子透かし

　一般に電子透かし（digital Watermarking）は，デジタル・コンテンツ（画像，動画，音楽など）に情報を埋め込むデータハイディング技術として知られ，主に，著作権情報を埋め込むために利用されることが多い．外見は原画像や動画などと変わりないように見えるが，専用の電子透かし検出ソフトに読み込ませると，埋め込み情報が検出できるので，不正行為の抑止や真正性証明に利用できる．

　画像に限定しても，埋め込み済み画像のステゴ画像（stego image）の作成法，検知方法，運用方法を提供する画像技術産業も増加してきている．

　画像の種類としては，2値，多値画像（BW濃淡，RGB）への適用が多く，リモートセンシングの受動式衛星画像はコンテンツのサイズが大きいので，大量の情報を埋め込むのに適しているが，リモートセンシング画像データの有料もネックになっていた．最近では，Google Earth の地球全表面の画像が無償提供されているので，衛星画像の利用も一般向きには，疑似RGB画像表示となっている．

　画像に情報を付加する技術には，情報を画像の中に可視状態で重複させる方法，情報を画像の中に不可視状態に隠す方法の2種類がある．画像のデータ圧縮法には，可逆圧縮法と非可逆圧縮法とがある．従来，非可逆圧縮法には秘密情報を埋め込めないとされていたが，近年，JPEG画像のような非可逆圧縮画像でも情報の隠蔽が可能となった．その事例としてJPEG2000符号化のsteganographyがある．JPEG2000符号化は，webret変換を用いた逐次近似型の画像圧縮法である．JPEG2000符号化は，前処理，離散wavelet変換，量子化，算術符号化，bit列などから構成される．そこで，RGB画像を例にして，電子透かしの初歩的な利用方法を列挙してみる．

① 　RGB画像—> 下位bitに埋め込む—> ステゴ画像—> 復元
② 　RGB画像—> JPEG画像—> 下位bitに埋め込む—> ステゴ画像—> 復元
③ 　RGB画像—> GeoTIFF画像—> 下位bitに埋め込む—> ステゴ画像—> 復元
④ 　RGB画像—> 色調変換—> 複数の関数変換をして埋め込む—> 同上
⑤ 　RGB画像—> HSV変換—> V画像の下位bitに埋め込む—> 同上
⑥ 　RGB画像—> HLS変換—> L画像の下位bitに埋め込む—> 同上
⑦ 　RGB画像—> YIQ変換—> 離散フーリエ変換（DFT）変換して埋め込む—>

同上
⑧ RGB 画像─> YIQ 変換─> 離散ウェーブレット変換して埋め込む─> 同上
⑨ RGB 画像─> YIQ 変換─> 離散コサイン変換して埋め込む─> 同上

上記の⑨の具体例としては，人工衛星 ASTR/VRML（分解能 15 m）の band-3, 2, 1 の疑似 RGB 画像に対して，透かし情報を入れた例を紹介する[7-13]。

衛星の合成疑似カラー画像の RGB を YIQ 変換した後，輝度値 Y に対して離散コサイン変換（DCT：Discrete Cosine Transform）を施し，得られた係数（実数値と虚数値）の配列の高周波域の値を変化させることによって 2 値化した画像を埋め込む。埋め込んだ後は，逆離散コサイン変換を施し，YIQ→RGB 変換する。

画像を RGB→YIQ 変換した後，輝度値 Y に対して，$n \times n$ 画素を 1 ブロックとして離散コサイン変換を施し，高周波域（$m \times m$）の値を変化させる。この処理を繰り返すことによって 2 値化した画像を埋め込む。埋め込んだ後は，逆離散コサイン変換を施し，YIQ→RGB 変換する。

原画像の RGB を YIQ 変換した後，輝度値 Y に対して離散コサイン変換（DCT）を施し，得られた係数の配列を変化させることによって 2 値化した画像を埋め込む。埋め込んだ後は，逆離散コサイン変換（IDCT）を施し，YIQ 変数を RGB に変換すると可逆された ASTER-VNIR 画像が求められる（図 7.25 参照）。

ASTER-VNIR のカラー合成画像（図 7.26 (a)）を原画像とし，上記の DCT 変換後，「This is a ASTER VNIR image.」の文字の埋め込み処理をしてから，IDCT 変換して可視透かし処理をした結果の画像を図 (b) に示す。

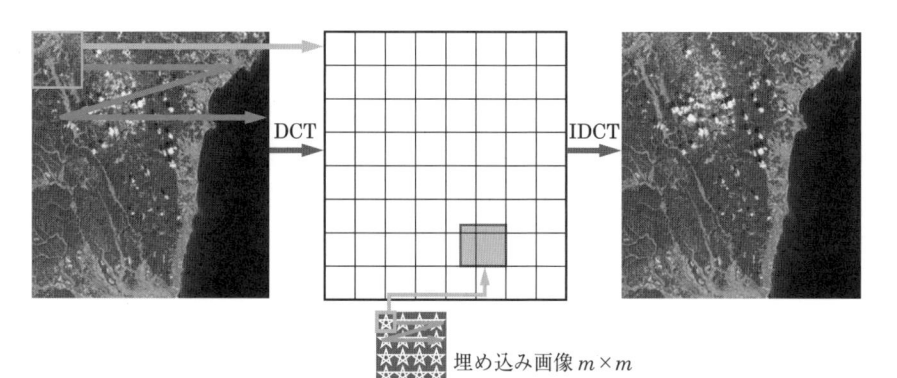

図 7.25 $n \times n$ の画像に DCF 変換し，画像の埋め込み，逆変換後の手順（口絵⑩参照）

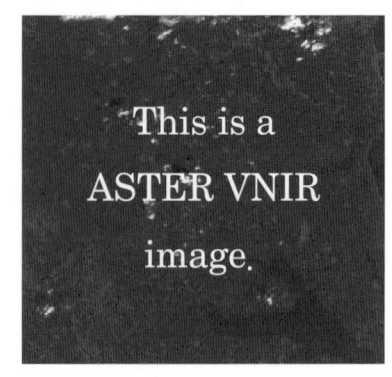

（a）ASTER-VNIR 合成画像　　　　（b）可視透かし入り画像

図 7.26　リモートセンシング画像の可視透かしの例

表 7.7

画像	手法	最下位 bit	2bit 目
Blue	DCT	24 180	135 820
blue	DWT	67 935	91 944
Green	DCT	104 648	55 352
Green	DWT	92 065	67 935
Red	DCT	94 175	65 825
Red	DWT	92 057	67 943

DCT：Discrete Consine Transform
DWT：Discrete Wavelet Transform
ASTER-VNIR image data
band1-Blue, band2-Green, band3-Red

　原 ASTER-VNIR の 400×400 画素の画像に対して，電子透かし画像との相違を離散コサイン変換と離散ウェーブレット変換（DWT）の適用手法別に RGB 画像要素別に調査すると，最下位 bit と 2 番目の bit についての相違は，次のようになっている[7-14]。透かし画像に幾何補正処理を施してから IDCT や IDWT 変換をしてみると，埋め込み情報に劣化が少々みられる。また，離散フーリエ変換を用いたときは，取り出した透かし情報は，原透かし情報に対して劣化を生じるなどの問題がある。

7.9.2　レンジ画像データへの電子透かし

　3 次元形状モデルの形状，それに付随するデザインに知的所有権がある場合を想定して，レンジ画像データへの 1 つの電子透かし法を紹介する。

　レンジ画像データは，2 次元 Delaunay 法を用いてトポロジを決定することもできるので，点群の三角メッシュを埋め込みプリミティブとする。

（a）キュービック分割　　　　（b）重複領域のキュービックの拡大

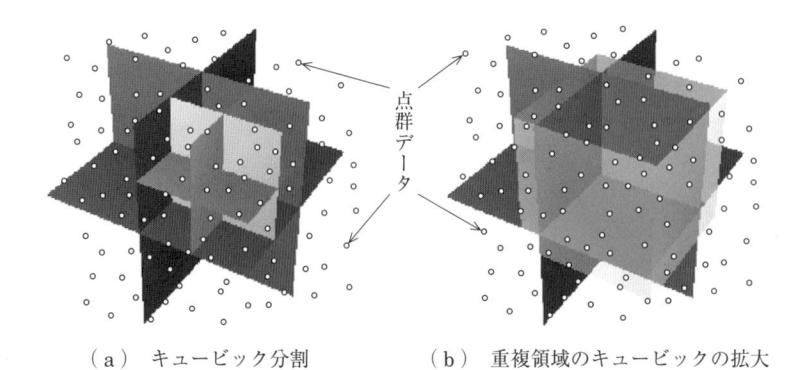

図 7.27　点群データのキュービック分割

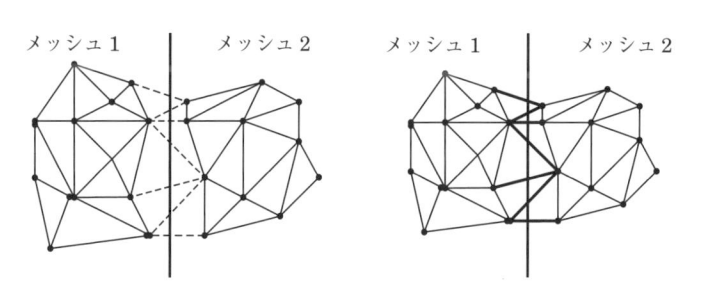

図 7.28　メッシュ 1, メッシュ 2 の結合関係

　点群データ全体を 2 次元に投影すると，点群データの関係が不明になるので，座標軸を基準にしたキュービック分割（図 7.27）を点群データ空間に適用して 2 次元投影を可能にする．そして，2 次元 Voronoi 法を適用する．

　キュービック内の結合関係はわかるが，ブロックの境界における結合関係はわからないので，隣接するブロックとの重複領域を再現可能なようにキュービックに空間配列番号を付加する．分割キュービックの隣接した図 7.28 のようなメッシュ 1，メッシュ 2 の結合関係が不明になるためである．この部分メッシュに対して融合処理をして破線部分の線分を再現する．

　この各ブロック間の重複領域のある部分に，2 次元 Delaunay 法を適用する．3 次元形状モデルでは，頂点やトポロジのいずれか，または各々を改ざんすることで透かし情報を埋め込める．改ざん事例としては，三角メッシュの 2 辺長の比率を浮動小数点数で表し，透かしをデータ化して仮数部に埋め込むことができる．

この方法をStanford Bunnyレンジ画像データや，ビル内の給湯箇所のレンジ画像データを対象に適用したところ，前者は35 947個の点群で構成されて，84ブロックに分割できた。後者は約90 000個の点群で構成されていたものを約300ブロックに分割することができた。このときのラベリング処理をしたものに，ラベル色調を付加した画像を，図7.29に示す。

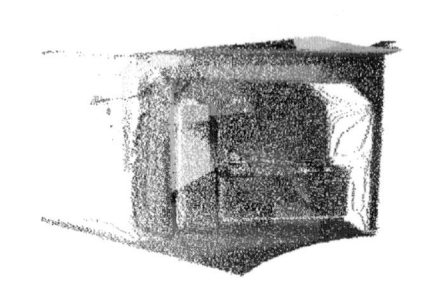

　　（a）　ラベル付きStanford Bunny画像　　　　（b）　ラベル付きレンジ画像

図7.29　ラベリング画像

この2種類の3次元点群データに適用した電子透かし法の実験結果，Stanford Bunnyには約72 000 bit，給湯箇所の距離画像データには約106 000 bitの透かし情報を埋め込むことが可能であった[7-15]。

また，透かし情報の容量の具体的な数値としては，テキストを埋め込む場合，Stanford Bunnyのとき，半角文字約9 000文字を埋め込むことが可能である。全角文字であれば，その半分である。これは，著作権者・法人名などのイニシャルや，埋め込み対象となっているディジタルコンテンツの使用制限条件などを埋め込むには十分な量であろう。画像を埋め込むには，画像サイズは64×64 pixel以下のロゴマークなどが適応したサイズであろう。

7.9.3　ステガノグラフィ（steganography）

ギリシャ語を語源とするステガノグラフィ（steganography）は，もともとアナログ技術であったが，コンピュータの浸透したデジタル世界になってからは，デジタルステガノグラフィと呼ばれるようになった。デジタルステガノグラフィは電子あぶり出しともいわれ，画像への適用には画像深度暗号に伴う用語である。透かしの

目的は著作権を保護することである。そしていかなる処理に対しても改ざんできないことである。そして，それは非合法なコピーを許さないようにする。一方，ステガノグラフィの目的は，隠されたメッセージの存在を未知にして情報を伝達することである[7-16]。

例えば，暗号は第三者に知らせたくない情報のデータ列をかき混ぜて，内容を解読できないようにする。暗号技術は秘密情報の存在を強調してしまうが，ステガノグラフィ技術は，秘密情報の存在をも分からなくしてしまう面が大きく異なる。ステガノグラフィでは，秘密情報を何気なく埋め込んだ媒体（vessel）はダミーデータと呼び，これを埋め込んだ画像をステガノ画像という。

ステガノグラフィの画像への応用には，画素置換型と，ある領域への変換型とがある。これは，画素置換型は画素データを秘密記号に直接変換するもので，周知の単純な方法は，最下位のbitプレーンを使用する。これ以外に，上位bitプレーンを使用した方法や，ノイズを利用する方法などがある。変換領域利用型は，ある空間に変換された係数を加工してから秘密情報を埋め込む手法である。これには画像フォーマットに対応した変換符号化方式と，そうでない方式とがある。また，定まった非可逆符号化法以外に，スペクトル拡散法やフラクタル画像変換法などもある。

初期のステガノグラフィの研究者は，情報の埋め込み方法とその情報量に興味を持ち続けてきてきた。その後，彼らは埋め込まれた情報を検出する方法を研究するようになってきた。この研究をsteganalysisという。

ステガノグラフィで用いるflippingのF関数は可逆操作を可能にする。すなわち，$F(F(x))=x, \text{all} x \in P, P=\{0,1,\cdots\cdots\}$識別関数と複数の$F$関数からregular, singular, unstableのグループに分ける。$1, 0, -1$の値を持つマスクMを取り入れることで，秘密情報の埋め込み量の増減を判定することができる。

衛星画像やレンジ画像は，それ自身に空間位置情報を保有しており，この情報をいかに高度に活用するかが問われる技術でもある。特に，レンジ画像データは，少なくとも8次元関数によって収集されたことを忘れがちであるが，従来の文字，ロゴ画像といったような，誰にでも理解できる埋め込み情報と，これに付随した埋め込み技術では，steganalysisの域を脱していないのではないかと思われる。

レンジ画像データの8次元関数には，時間（時刻）が含まれている。ステガノグラフィによるレンジ画像データの改ざんは，なされたとしても改ざんに要する時間

t を概算して，公開を許す時間 T を超越させることに尽きると思われる．

　レンジ画像データを電子透かしやステガノグラフィのコンテンツに使用することを例示してきたが，レンジ画像データから生成される三角メッシュは，3 次元物体の表面の活用例に過ぎない．ステガノグラフィから考察をするならば，三角メッシュで覆われた空間こそ大量の情報を埋め込むことができることを示唆したいためもあった．この空間を航空機や新幹線の列車に例えれば，操縦席・接客席もあれば，番号付きの乗客席も多々ある．これらは空間座標で識別可能であることを考えれば，自ずからステガノグラフィの開発の扉は開かれよう．このことは，レンジ画像処理技術をすでに身に付けた方々への課題としたい．

演習問題

7-1　建物の周辺のエッジ抽出法の手順を述べよ．

7-2　メッシュが構成された時点で平面を抽出したい．この平面を構成する内部の点群データの内，不要データを削除をする方法について述べよ．

7-3　橋梁の外観から橋梁の付帯部材のおおよその概算をしたい．このときのレンジ画像の用途を述べよ．

7-4　孤立木のキャノッピを算出する関係式を求めよ．

7-5　トンネル内をレーザスキャナで観測するメリットはどのような事がらがあるか調べてみよ．

7-6　レンジ画像を用いて孤立木の葉が覆っている部分の体積を算出したい．この方法を述べ，どの程度の精度の保証があるかを論述せよ．

7-7　一定の時速で走行する車上にレーザスキャナを設置して，高速道路の外形の形状をモデル化したい．このときの車の振動を除去する方法を述べよ．

第8章
レンジ画像データベース

8.1 欧州のレンジ画像データベース

8.1.1 シュツットガルト大学レンジ画像データベース（Stuttgart Range Image Database）

　IPVR 画像理解研究グループ（Universität Stuttgart IPVR）の Web で，利用可能な高解像度の多角形のモデルから得られた融合処理可能な距離画像データの収集を行っている[8-1]。6か所の研究所で作成されたこれらのモデルは，主にレンジスキャナから収集されたもので，これらのデータをダウンロードすることができる。

　この他のモデルは連帯の次の大学からも入手可能である。
- ジョージア工科大学光造形システム研究所[8-2]
- クレムソン大学（South Carolina）のステレオリソグラフィ・アーカイブ[8-3]

　レンジ画像データベースのデータファイルは，周知の ASCII ファイルであり，カスタム形式（.RIF）もある（第5章参照）。ファイル自体の各先頭のフォーマットには簡単な説明があるのでわかりやすい。これらの画像およびデータは，科学的・非商業的な目的に公開されていて，次の論文が参考になる。
- コンピュータ・ビジョンに関する国際会議の議事録
- レンジ画像からの 3D 物体認識とパターン認識（CVPR '01）

　シュツットガルト大学のレンジ画像データベースより自動車，ヘリコプタ，軽飛行機から犬や車輪のような小物まで，42種類のレンジ画像データ（ASCII ファイル）がダウンロードできる[8-4]。

　　http://www.cc.gatech.edu/projects/large_models/

8.1.2 ボン大学計算科学系

　ボン大学の計算科学系にコンピュータグラフィックスグループ，マルチメディア，シミュレーションと仮想空間グループがあり，前者には，材料のドメインの特定の

データ駆動型モデル，光学有形財産の獲得と想像，幾何学獲得と処理，モデルとメッシュ編集，3Dドキュメントのためのデジタル図書館，地形視覚化などの研究室がある．後者には，人間の動きデータの分析と統合，髪のモデル，シミュレーションにおける演算子法などの研究室がある．レンジ画像の点群データを用いたモデリングに関する研究資料を公開しているので参考になる．

http://cg.cs.uni-bonn.de/en/activities/modeling-mesh-editing/

8.2 米国のレンジ画像データベース

8.2.1 USFレンジ画像データベース（University of South Florida (USF) Computer Vision and Pattern Recognition Group）

このデータベースは，4台の異なるレンジカメラを用いて得られた400以上の画像からなって公開されている[8-5]．

a．Odetics LADARカメラ画像

デカルト座標の距離を含むOdetics距離画素（行，列，深さ）変換のため，反射率画像（PGM形式）に分割するRAW画像（インハウス形式）のCコードもある．

b．パーセプトロンLADARカメラ画像

画像は社内のフォーマット（以下，Cコードを参照）に格納されている．パーセプトロンカメラの統計は，CADモデルとイメージングのオブジェクトに関する情報および一般的な情報を含むPostScriptファイルにある．

c．ABW構造化された光カメラの画像

画像は，ラスタファイル形式（カメラのない画像可能）に格納されている．ABWカメラの統計は，CADモデルとイメージングのオブジェクトに関する情報，および一般的な情報を含むPostScriptファイルにある．

Cコードは，デカルト座標に変換したAZW範囲のピクセルのため，Cコードでは，（行，列，深さ），(X, Y, Z)座標の形式であることがわかる．画像はラスタファイル形式で保存されている．

d．K2T構造化された光カメラ画像

画像はラスタファイル形式に格納されている．K2Tカメラで個別に利用できるものはなく，いくつかの情報については推奨書を紹介している．

また，このプロジェクトに参加している下記の大学における，Cコード，Cソース，デカルト座標による距離画像データや，反射率画像（PGM形式）のRAW画像データが公開されている[8-6]。Cコードは，K2Tのピクセル（行，列，深さ）をデカルト座標に変換するためにある。また，画像はラスタファイル形式で格納できる。

- Washington State University （WSU）
- University of Bern, Switzerland （UB）
- University of Edinburgh, Scotland （UE）

この他，関連した話題として，距離画像のセグメンテーション比較プロジェクト，レンジ画像から空間エンベロープモデルの構築，レンジ画像からOPUSモデルの構築なども掲載されている[8-7,8-8,8-9]。

8.2.2 IPVR-Department Image Understanding

Webで利用可能な高解像度の多角形モデルから得られた，融合処理可能なレンジ画像データのコレクションである。

これらのモデルの内の6種類（07_Deoflach, 08_Deorund, 15_Mole, 24_Kroete, 28_Ente, 29_Schwein）が，ダウンロードできる。この他のモデルも入手可能で，サイバー製品，アヴァロン3Dアーカイブ，3Dカフェ，ジョージア工科大学の大きな形状モデルアーカイブ，ジョージア工科大学光造形システム研究所およびクレムソン大学のステレオリソグラフィ・アーカイブなどである。

これらの画像，および物体認識は，科学的・非商業的な研究のために改造モデルを使用しても良いことになっている。

8.2.3 blaxxun Contactblaxxun コンタクト

3Dで観察する人やコミュニケーション・クライアントとして多くのインターネット・ユーザによって使用されるマルチメディアの通信クライアントである。

VRML基準をすべて満たすblaxxun Contactは，市場に出回っている数多い普遍的なVRMLクライアントで，新しいMPEG-4基準特徴を整備している。この完成したプラグ・インのものを自由にダウンロードできる。

高機能3Dビューアは，実証された価値のある強力なクライアントとしてのblaxxun Contactによって，仮想現実感を3D製品のプレゼンテーションに使用で

きるように，対話型の 3D のビジュアル化ができ，これに VRML フォーマットが使用されている。

対話型コミュニケーションとしては，3D ビューアに加えて，blaxxun Contact は精巧なコミュニケーションが特徴といえよう。

Blaxxun Contact で，コミュニケーションの全体のスペクトルおよび blaxxun プラットフォームに基づくアプリケーションの相互作用の経験を可能にしている。

プラグ・インのウェブ・ブラウザは，標準ブラウザ，ネットスケープ 4.x およびマイクロソフトの IE（バージョン 4.01 以上）と互換性を持っている。

Blaxxun Contact は，最近の OS：Windows でも稼動可能である。

8.2.4　オハイオ州立大学 OSU レンジ画像データベース

これまでに，WSU（ワシントン州立大学）→MSU（ミシガン州立大学）→OSU（オハイオ州立大学）とデータベースのホストが受け継がれてきた経緯がある。このために以下の数種類のレンジスキャナのデータを閲覧して利用することが可能である[8-10]。

> Structured-light range sensor, OSU's Minolta 700range scanner, Technical Arts 100X Range Scanner, Perceptron LASAR sensor, WSU's K2T range sensor, ERIM range sensor など。

これらのセンサからの数千種類ものレンジ画像データがあり，次の URL から多種多様なモデリングができる。

> https://www.cse.ohio-state.edu/cgi-bin/portal/index.cgi

なお，オハイオ州立大学のデータベースへのアクセスについては，予めパスワードの取得が必要になっている。

OSU のファイルフォーマットは，第 5 章に掲載してある。

8.2.5　ジョージア工科大学アーカイブ（Large Geometric Models Archive）

このサイトの目的は，コンピュータグラフィックスとこれに関連する分野の研究者にラージモデルを供給することである[8-11]。

Web で利用可能な何千もの形状モデルがあるが，それらの大部分は小さく，新しい幾何学的なアルゴリズムおよび技術の創造者に対する適切な利活用に向いていな

い面もあることから，ラージモデルはレンダリング，自動単純化，幾何学圧縮，視界技術，表面の改造および表面取り付け用技術に対して挑戦できるように工夫されている。デジタル時代に対して，非常に大きな幾何学的なデータセットが多くの源になっている。しかし，多くの画像処理技術者がこれらのデータのアクセス頻度が少ないので，この状況の改善策を試みている。

a. ダウンロードモデル

大規模な形状モデルのアーカイブモデルのファイルは"gzip"プログラムを使用して圧縮されており，ファイル名には，接尾辞が付加されていて".gz"で終了する。圧縮されていないポリゴンファイルを回復するためには，プログラム"gunzip"が必要になる。

多くのWebブラウザでは，適切なダウンロードリンクをクリックするだけで，ポリゴンモデルをダウンロードすることができる。ただし，一部のブラウザでは，"GZ"接尾辞を持つファイルを解凍し，HTMLページとして表示しようとするには，デフォルト動作の活用ができる。これを使うブラウザならば，ディスク上のファイルを保存する場所を指定するダイアログボックスを与える別のオプションを見つける必要がある。Netscapeの場合は，"Shift"キーを押しながらファイルのリンクを左クリックすると，このダイアログボックスがポップアップ表示される。

データセットの例としては，スタンフォード・バニー，タービン・ブレード，骨格手，ドラゴン，幸福なブッダ，馬，可視化した皮膚，可視の人ボーヌ，グランドキャニオン，ピュージェット湾などがある。

b. ポリゴンモデルの形式

2つの異なるポリゴンのファイル形式のInventorとPLYの各モデルを提供している。この他，次の項目にて記述している。

PLYファイル

Inventorファイル

VRML

PLYファイル形式のダウンロードPLYツール

8.2.6 スタンフォード大学コンピュータグラフィックス研究室
(Stanford University, Computer Science Department)

1965年に設立されたスタンフォード大学には，コンピュータサイエンス (CS) 学科があり，その中にコンピュータグラフィックスの研究室がある．この研究室のホームページで公開されているソフトウェアパッケージの中に，「ScanView」と複数の3Dモデルがダウンロードできるようになっているので，その概要を以下に紹介する[8-12]．

a. ソフトウェアパッケージ http://www-graphics.stanford.edu/software/

この研究グループのメンバーで利用可能なソフトウェアパッケージのリストが掲載されていて，任意のアイコンイメージまたはパッケージ名をクリックすると，パッケージの説明やソフトウェアを取得するための指示が与えられる．

このソフトウェアは，1995～2007年に，スタンフォード大学の同研究室によって作成されたものである．ダウンロードは，2007年8月から始められている．

b. ダウンロードとScanViewのインストール

Windows PC上でScanViewクライアントビューアをインストールするには，以下のインストーラファイルをダウンロードして実行する[8-13]．

　　　ScanView-1.21-installer.exe (3.87MB)

インストール後，ScanViewクライアントビューアを実行するときには，ミケランジェロのダビデ像の3D影付きのレンダリングを参照すると分かりやすい．

それぞれ左と右のマウスボタンを使用してドラッグすることによって，モデルを回転でき，同時に押された左ボタンと右ボタンをドラッグしてズームすることができ，マウスの中央ボタンを使用してドラッグすることによって照明を変更することができる．また，ファイルをクリックして，さまざまなモデルを選択することもでき，ScanViewには，次の5種類の3Dモデルが準備され含まれている．

① 　ミケランジェロのダビデ像*
② 　ミケランジェロの未完の使徒マタイ
③ 　スタンフォードバニー
④ 　幸せな仏
⑤ 　フォーマウル Romae のフラグメント 202

c. データアーカイブ http://www-graphics.stanford.edu/data/

　この研究グループのメンバーで組み立て可能な以下のデータのリストがあり，任意のアイコンイメージまたはパッケージ名をクリックすると，パッケージの説明とデータを取得するための指示が与えられる。

① 　スタンフォードライトフィールドのアーカイブ
② 　スタンフォード 3D スキャニングリポジトリ
③ 　デジタルミケランジェロプロジェクト 3D モデルリポジトリ
④ 　フォーマウル Romae のプロジェクトのフラグメントデータベース
⑤ 　QSplat モデルアーカイブ
⑥ 　(旧) スタンフォードライトフィールドアーカイブ
⑦ 　スタンフォードボリュームデータのアーカイブ

ただし，上記項目の数個は，ジャンプ先が更新されていないものがある。

8.3　国内のレンジ画像データベース

　日本リモートセンシング学会（RSSJ：The Remote Sensing Society of Japan）；http://www.rssj.or.jp/）に複数の研究会があり，レンジ画像データアナリシス研究会（Study Group for the Range Image Analysis）が，2005 年 4 月に活動を開始し，初期からレンジ画像に係る講演会が開催され，継続されてきている[8-14]。この研究会では，レンジ画像データベースの構築が困難であったなどの理由から，レンジ画像データベース協力会（RIDA：Range Image Database Association）；http://www3.atwiki.jp/ici-lab/pages/12.html）が 2006 年 5 月に別の機関として発足し，地上型のレーザスキャナによるデータ収集を開始し，協力関係にある画像文字情報研究会（ICI：Image Character Information Laboratory）；http://www3.atwiki.jp/ici-

---

* ミケランジェロのダビデ像の 3D モデルに対してコンピュータのレンダリング技術が適用され，このモデルはレーザ三角レンジファインダ（laser triangulation rangefinder）を用いて像をスキャンし，シームレスなポリゴンメッシュを形成するために，結果として得られる距離画像を融合処理することによって作られた。メッシュは各サイズ 2.0 mm 程度の 800 万ポリゴンが含まれている。メッシュで構築された生データは，像表面上 0.25 mm 間隔の距離サンプルで表し，20 億ポリゴンを含んでいる。なお，デジタル化した像の色調の反射率は人工的である。

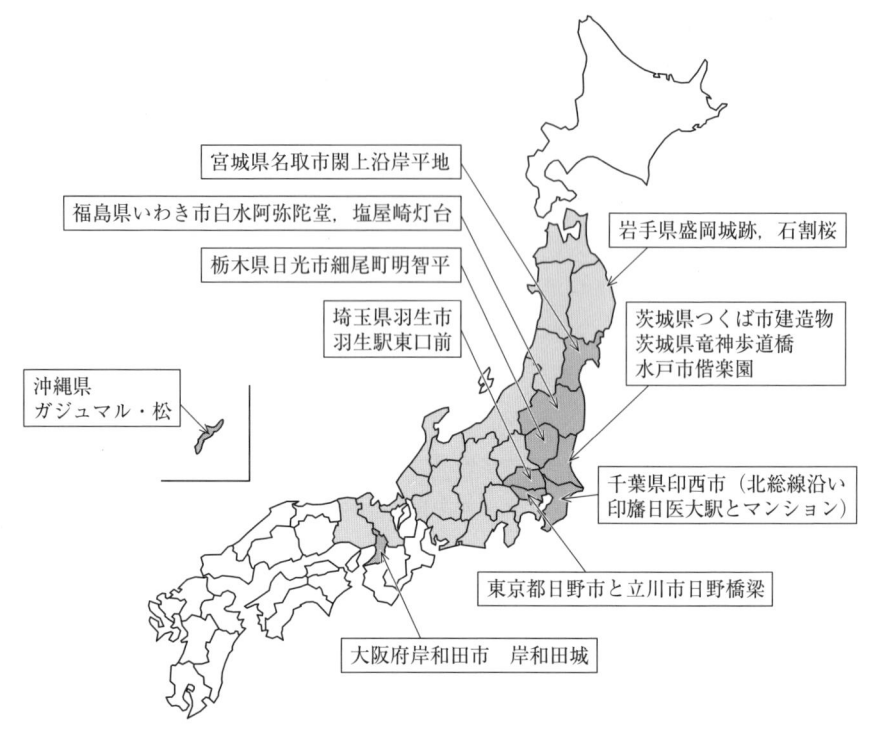

宮城県名取市閖上沿岸平地
福島県いわき市白水阿弥陀堂，塩屋崎灯台
栃木県日光市細尾町明智平
埼玉県羽生市羽生駅東口前
沖縄県ガジュマル・松
岩手県盛岡城跡，石割桜
茨城県つくば市建造物
茨城県竜神歩道橋
水戸市偕楽園
千葉県印西市（北総線沿い印旛日医大駅とマンション）
東京都日野市と立川市日野橋梁
大阪府岸和田市　岸和田城

図8.1　レンジ画像データベース協力会（RIDA）とICI保有のデータ分布

lab/pages/13.html）が保有しているレンジ画像データと統合すると，国内で収集されたデータ分布はまだ百数シーンと少ないが，図8.1の都道府県に達している．このレンジ画像データベースの詳細一覧表をWeb付録-5に示す．

また，2012年の第15回RIDA会議において，RIDA近畿支部が発足し，関東・関西でのレンジ画像データ利用が我が国で広まりつつある．

　　　http://www.rssj.or.jp/kenkyuukai/RIA/jria-indx.html
　　　http://www3.atwiki.jp/ici-lab/pages/12.html

演習問題

8-1　欧州のレンジ画像データベースの公開レンジ画像の特徴をのべよ．
8-2　米国のレンジ画像データベースの公開レンジ画像の特徴をのべよ．
8-3　国内のレンジ画像データベースのレンジ画像の特徴をのべよ．

参考文献

第1章

1-1) Eric Temple Bell: *Men of Mathematics*, Simon and Schuster, New York, 1986
1-2) American Society of Photogrammetry: *Manual of Remote Sensing Second Edition*, Vol. 1, pp. 1-1232, 1983
1-3) 石原藤次郎，森忠次：『測量学（応用編）』，培風館，pp. 20-22，1968
1-4) Allan MacLeod Cormack：『コンピュータ断層撮影（CT）技術の開発』，ノーベル賞，1979
1-5) Qihao Weng: *Advances in Environmental Remote Sensing: Sensors, Algorithms, and Applications*（*Remote Sensing Applications Series*），CRC Press Taylor & Francis Group, pp. 9-313, 2011
1-6) Craig Covault: *Top Secret KH-11 Spysat Design Revealed By NRO's Twin Telescope Gift to NASA*, America Space. 2012. 6
1-7) http://www.geodz.com/deu/d/Stereoskop
1-8) 今宮敦美（訳）：『コンピュータグラフィックス』，日本コンピュータ協会，pp. 612-633，1984. 7
1-9) Mitchell, Don and M Merritt: *A Distributed Algorithm for Deadlock Detection and Resolution*, Principles of Distributed Computing, 1984
1-10) RIEGL：『Laser Mirror Scanner LMS-Z210 技術資料および取り扱い説明書』，EDITION99/03 No. 1, pp. 2-17, 1999
1-11) 星 仰：『リモートセンシングの画像処理』，森北出版，pp. 45-52，2003. 10
1-12) 平林雅英：『C言語によるプログラム事典』，技術評論社，pp. 185-205，1995
1-13) Peter Schelkens at all: *The JPEG 2000 SUITE*, WILEY, pp. 3-134, 2009
1-14) T. Needell and J. Clarkson: *Tiff Gear: The Autobiography of Tiff Needell*, 2011. 8
1-15) http://www.remotesensing.org/geotiff/spec/geotiffhome.html
1-16) 星 仰，高木徹：『地形図の地図記号のための認識要素』，土木学会論文集，No. 464，Ⅳ-19, pp. 129-138，1993. 4
1-17) http://www.britannica.com/EBchecked/topic/565655/stereoscope
1-18) R. M. Hoffer: *LARS Information Note*, Purdue University, No. 120371, 1971
1-19) HST Program Office: *Hubble Facts*, Goddard Space Flight Center, pp. 1-2, 2003
1-20) Supernova Cosmology Project: *The Hubble Space Telescope Cluster Supernova Survey: II. The Type Ia Supernova Rate in High-Redshift Galaxy Clusters*, Version-3, 2011. 11
1-21) Zwicky, F.: *Die Rotverschiebung von extragalaktischen Nebeln*, Helvetica Physica Acta 6, pp. 110-127, 1933
1-22) http://hubblesite.org/gallery/
1-23) http://www.jaxa.jp/projects/sat/gms/index_j.html
http://www18.tok2.com/home/soar/wx/wxsites.htm
1-24) http://www.geoeye.com/CorpSite/corporate/
1-25) http://www.landinfo.com/WorldView2.htm
1-26) http://www.google.com/earth/index.html
1-27) http://gpsglonass.com/
1-28) http://www.lle.rochester.edu/, https://www.llnl.gov/
1-29) http://www5.hp-ez.com/hp/calculations/page1

第2章

2-1) M. Zelier: *Text Book of photogrammetry*, pp. 22-53, 1951
2-2) 山口幸男，橋本 治，豊田 誠，星 仰：『超高速パタンマッチングと応用のためのソフトウェア開発』，情報振興協会，創造的ソフトウェア育成事業及びエレクトロニック・コマース推進事業に

係る最終成果発表会, pp. 597-602, 1998
2-3) Brian Curless, Marc Levoy: *A volumetric method for building complex models from range image*, Siggraph'96, pp. 303-312, 1996
2-4) Greg Turk and Mare Levoy: *Zippered Polygon Meshes from Range Image*, Rep.'94 of Stanford University, pp. 1-8, 1994
2-5) Rusinkiewicz, S., Andlevoy, M.: *A multiresolutionpoint rendering system for large meshes*, In. Proc. of ACM SIGGRAPH, pp. 343-352, 2000
2-6) E. P. Baltsavias: *Airborne laser scanning: existing systems and firms and other resources*, IPSRS Journal of Photogrammetry & Remote Sensing, No. 54, pp. 164-198, 1999
2-7) Military laser rangefinder LRB20000
2-8) http://www.diydrones.com/ http://www.3ders.org/pricecompare/3dprinters/
2-9) F. P. Johnson: *Sensor Craft-Tomorrows Eyes and Ears of the Warfighter-*, Air Force Reseach Lab., pp. 1-4, 2002. 5
2-10) Faller, J. E., I. Winer, W. Carrion, T. S. Johnson, P. Spadin, L. Robinson, E. J. Wampler, and D. Wieber: *Laser beam directed at the lunar retro-reflector array: observations of the first returns*, Science, 166, pp. 99-102, 1969
2-11) http://www-lidar.nies.go.jp/
2-12) M. Kohno, M. Kusakabe and Y. Fujii: *Evaluation of SO_2 Emission from the 1982 Eruption of El Chichon by Glaciological and Satellite Methods*, Nankyoku Shiryo, Vol. 42, No. 2, pp. 121-130. 1998
2-13) E. P. Baltsavias: *Airborne laser scanning: basic relations and formulas*, ISPRS Journal of Photogrammetry & Remote Sensing 54, pp. 199-214, 1999
2-14) http://ja.scribd.com/doc/13868921/3D-Laser-Scanning-for-Heritage
2-15) E. D. Kaplan: *Understanding GPS-Principles and Applications*, Artech House Publishers, pp. 1-517, 1996
2-16) European Commission: *Proposal for a regulation of the European parliament and of the council on the implementation and exploitation of European satellite navigation systems*, pp. 2-59, 2011. 11
2-17) 中国の北斗測位システム http://j.people.com.cn/95952/7946355.html
2-18) JAXA：準天頂衛星 http://www.jaxa.jp/projects/sat/qzss/index_j.html

第3章
3-1) Bertolotti, Mario: *The History of the Laser, Institute of Physics*, 1999
3-2) T. H. Maiman: *Stimulated optical radiation in ruby*, Nature, No. 187 (4736), pp. 493-494, 1960
3-3) M. G. H. Ligda: *Proc. 1st Conf. Laser Technology*, US Navy ONR, 63, 1963
3-4) R. A. Schowengerdt: *Remote Sensing*, Academic Press, pp. 179-228, 1997
3-5) Jakob J. van Zyl and Yunjin Kim: *The relationship between radar polarimetric and interferometric phase*, IEEE Transactions on Geoscience and Remote Sensing Symposium, Proceedings. IGARSS, pp. 1301-1303, 2000
3-6) Masafumi Hosokawa, Takashi Hoshi: *Polarimetric SAR Data Classification Method Using the Self-Organizing Map*, IGARSS2002, Vol. VI, pp. 3468-3479, Toronto (Canada), 2002. 6
3-7) Takahiro Yamada, Takashi Hoshi: *Expansion of the Unsupervised Classification of Polarimetric SAR images Based on the Scattering Types Using the Shape Features of Polarization Signatures Diagrams*, Proc. 22th ACRS' 2001, Singapore, SAR2, pp. 1055-1060, 2001
3-8) Chen, Y. and G. Medioni: *Object modeling by registration of multiple range images*, Image and Vision Com., Vol. 10, No. 3, pp. 145-155, 1992
3-9) Minsso Suku, Suchendra M Bhandarkar (Editor: Kunii): *Three-Dimensional Object Recognition from Range Images*, Springer-Verlag Press, pp. 1-120, 1992
3-10) http://www.science4heritage.org/COSTG7/booklet/chapters/3D.htm
3-11) American Society of Photogrammetry: *Proceedings, American Society of Photogrammetry*, 2,

pp. 508-517, 1984
3-12) Riegl: *RLMSCAN software manual of the laser mirror scanner* (*LMS-Z*210), Ver. 2. 22, 1999
3-13) Laser Standard (IEC60825-1) and JIS C6802：レーザ製品の安全基準
3-14) Leica,『Cyrax2500・3次元レーザースキャニングシステム』，ライカジオシステム，pp. 1-8, 2000. http://www.greenhatch-group.co.uk/3D-Laser-Scanning
3-15) Optec Lidar Imageing Solutions: *ILRIS-LR Summary Specification Sheet*, pp. 1-2, 2012. http://www.optech.ca/i3dhome.htm
3-16) Maptec: http://www.maptek.com/products/i-site/i-site_8810.html
3-17) 国土交通省国土地理院（2001）：地上型スキャン式レーザ測距儀による斜面地形計測・解析技術の開発に関する研究作業報告書，No. 1, pp. 33-67, 2001
3-18) 日立エンジニアリング：『歴史建造物のレーザ三次元計測』, pp. 1-9, 2002. 1
3-19) Trimble: http://www.trimble.com/3d-laser-scanning/
Mensi: http://www.archaeoptics.co.uk/, http://www.scopuseng.com/
3-20) Faro: http://www.faroasia.com/products/laser-scanner/jp/
3-21) Zoller+Frohlich Imager: http://www.zf-laser.com/Products.8.0.html?&L=1
3-22) J. C. K. Chow, at all.: *Self-Calibration of the Trimble (Mensi) GS200 Terrestrial Laser scanner*, International Archives of Photogrammetry, Remote Sensing and Spatial Information Sciences, Vol. XXXVIII, Part 5, 2003. 5
3-23) 北村和夫，N. D'Apuzzo, 高地信夫，金子俊一：『実環境での測定を考慮したレーザスキャナからの点群データを用いたブレイクライン抽出』，第16回画像センシングシンポジューム，IS1-08, pp. 1-8, 2010. 6
3-24) Product Survey: *Terrestrial Laser Scanners*, GIM International, 2007. 8.
3-25) http://scanning.fh-mainz.de/scanninglist.php

第4章

4-1) Greg Turk and Mare Levoy: *Zippered Polygon Meshes from Range Image*, Rep.'94 of Stanford Univ., pp. 1-8, 1994
4-2) Daikoku Manabu：『VRML実習マニュアル』, Ver. 1, pp. 1-30, 2003. 5
4-3) 星　仰：『ノンミラー・レーザーレーダ画像データの3D計測誤差とその応用』，土木学会第27回関東支部技術研究講演集，IV-3, pp. 570-571, 2000. 3
4-4) B. Delaunay: *Sur la sphère vide, Izvestia Akademii Nauk SSSR*, Otdelenie Matematiche-skikh I Estestvennykh Nauk, No. 7, pp. 793-800, 1934
4-5) Sloan S. W.: *A Fast Algoritym for Generationg Constrained Delaunay Triangulations*, Computers and Structures, Vol. 47, No. 3, pp. 441-450, 1993
4-6) 伊藤貴之，山田敦，井上恵介，古畑智武，嶋田憲司：『制約つきDelaunay三角メッシュ生成法の効率的な実装方法』，全国大会講演論文集55th 後期（4），pp. 252-253, 1997. 9
4-7) http://en.wikipedia.org/wiki/Delaunay_triangulation
4-8) de Berg, Mark; at O. Cheong, at all: *Computational Geometry: Algorithms and Applications*, Springer-Verlag, 2008
4-9) 星　仰, 阿久津功朗：『距離画像による建物のワイヤーフレーム要素の抽出』，FIT2002, J-36, 2002. 9
4-10) 星　仰, 野中政嗣：『距離画像を用いた平面の抽出』，情報処理学会64 th, pp. 2-107～108, 2001. 3
4-11) 星　仰：『地形情報処理学』，森北出版，pp. 48-53, 1991. 2
4-12) Duda, R. O. and P. E. Hart: *Use of the Hough Transformation to Detect Lines and Curves in Pictures*, Comm. ACM, Vol. 15, pp. 11-15, 1972. 1
4-13) 星　仰, 篠原孝輔：『ビデオ画像と距離画像によるハフ変換直線抽出とその計測』，情報処理学会66th 全国大会講演論文集，5S-5, pp. 2-347-348, 2004. 3
4-14) 星　仰, 吉岡寿行：『レーザスキャナによる諸物体の後方散乱特性』，日本リモートセンシング学会37th 学術講演会論文集，P. 41, pp. 251-252, 2004. 12

4-15) 池内克史, 大石岳史:『3次元デジタルアーカイブ』, 東京大学出版会, pp. 61-81, 2010. 11
4-16) 前出 4-11) pp. 79-83
4-17) Besl, Paul J, N. D. McKay: *A Method for Registration of 3-D Shapes*. IEEE Pattern Analysis and Machine Intelligence, Vol. 14, No. 2, pp. 239-256, 1992
4-18) 前出 4-15) pp. 61-88
4-19) 星　仰, 井坂是法:『レンジ画像データによる高精度融合のためのステレオマッチング法』, 日本リモートセンシング学会 37th 学術講演会論文集, P. 42, pp. 253-254, 2004. 12
4-20) 星　仰, 小山雅義, 花山誠:『レンジ画像によるコンター図作成』, 日本リモートセンシング学会 37th 学術講演会論文集, P. 43, pp. 255-256, 2004. 12
4-21) 大川善邦:『3D グラフィックスのための数学』, 工学社, pp. 232-321, 2009. 10

第5章

5-1) VRML 2.0 仕様, VRML 97 (ISO/IEC DIS 14772-1)
5-2) 赤間世紀:『X3D VRML 版』, 工学社, pp. 16-195, 2007. 10
5-3) American National Standards Institute: *ANSI INCITS 4-1986* (*formerly ANSI X3. 4-1986*) *American National Standard for Information Systems-Coded Character Sets-7-Bit American National Standard Code for Information Interchange*, (7-Bit ASCII)
5-4) ASCII Laser Scan Files http://www.kxcad.net/Navisworks/roamer_fra_web/ch11s01s19.html
5-5) http://en.wikipedia.org/wiki/AutoCAD_DXF#File_structure
5-6) http://www.paraview.org/
5-7) http://www-graphics.stanford.edu/projects/
5-8) http://tco.osu.edu/
5-9) RIEGL:『LMS-Z210 用作動ソフト RLMSCAN』, Ver. 2, pp. 3-27, 2000
http://www.riegl.co.at/products/software-packages/

第6章

6-1) 安井健治郎:『Java 3D グラフィックス』, 秀和システム, pp. 62-339, 2004. 3
6-2) 八木伸行・井上誠喜・林　正樹 (他):『C 言語で学ぶ実践画像処理』, オーム社, pp. 41-110, 1992
6-3) 赤間世紀:『Java3D 教科書』, 工学社, pp. 13-113, 2007. 3
6-4) 井坂是法 (他):『Java によるレンジ画像処理入門』, 地図研研修会, No. 1-5, pp. 1-10, 2005. 10
6-5) シュツットガルト大学のレンジ画像データベース:rif フォーマット
6-6) 星　仰, 井坂是法:『レンジ画像処理用の Java3D モデリング』, 日本リモートセンシング学会第 40 回学術講演会, 研究会ポスター, P19, pp. 151-152, 2006. 5
6-7) ケイワーク:『JPEG 概念から C++による実装まで』, ソフトバンク, pp. 1-237, 1998
6-8) Arton:『Visual C# .NET プログラミング入門 .NET Framework 徹底活用のノウハウ』, アスキー, 2002
きたみあきこ:『かんたんプログラミング Visual C# .NET [基礎編]』, 技術評論社, 2003
6-9) RIDA:レンジ画像データベース協力会
6-10) 山田貴浩:『プログラミング教育を目的としたレンジ画像ビューアーの作成と利用』, RIDA16th 講演会 No. 2 資料, pp. 1-10, 2013
6-11) 日経ソフトウェア:『Visual Studio 2012 でプログラミングを始めよう』, 日経 BP 社, No. 181, pp. 47〜89, 2012. 2
6-12) 阿久津功朗:『距離画像による建物の高精度エッジ抽出法に関する研究』, 茨城大学理工学部研究科修士論文, pp. 17-20, 2003. 3
6-13) 星　仰, 張　寧:『レンジ画像による廊下のシーン融合とその評価』, 日本リモートセンシング学会 36th 学術講演会論文集, B17, pp. 97-98, 2004. 5
6-14) 前出 6-4) pp. 11-19
6-15) P. Cignoni and R. Scopigno: Sampled 3D Models for CH Applications: A Viable and Enabling

New Medium or Just a Technological Exercise, ACM Journalon Computing and CulturalHeritage, Vol. 1, No. 1, Article 2, 2008. 6

第7章
7-1) Curless, B. and M. Levoy: *A volumetric method for building complex models from range images*, SIGGRAPH 96 Conference Proc., pp. 303-312, 1996
7-2) 阿久津功朗, 星　仰:『距離画像によるビルの高精度計測とモデリング』, 情報処理学会66th 全国大会講演論文集, 5S-5, pp. 2-347-348, 2003. 3
7-3) http://www.jma.go.jp/jma/index.html
7-4) 星　仰, 大谷秀一:『レンジ画像による孤立木樹冠の高精度計測』, 日本緑化工学会誌, Vol. 29, No. 1, pp. 153-156, 2003. 9
7-5) Yoon J, Sagong M, Lee JS, Lee K: *Feature extraction of a concrete tunnel liner from* 3D laserscanning data, NDT&E International, No. 42, pp. 97-105, 2009
7-6) http://whc.unesco.org/en/list
7-7) 前出6-9)
7-8) ICI：画像文字情報研究会（Web付録5bにデータ収集リスト）
7-9) 気象庁:『平成23年3月地震・火山月報（防災編）』, 2012. 3
7-10) 寺田祥典, 星　仰:『動的レンジ画像による振動量の簡易推定法』, 情報処理学会66th 全国大会講演論文集, 5S-5, pp. 2-347-348, 2004. 3
7-11) 星　仰, 寺田祥典, 加藤公久:『レンジ画像と動画像を用いた道路の線状検出』, 日本リモートセンシング学会37th 学術講演会論文集, B3, pp. 83-84, 2004. 12
7-13) Takashi Hoshi: *Steganography through Satellite Image of Remote Sensing*,ASTER", Science Team Meeting 24th workshop'03, p. 11-12, 2003. 5
7-14) 星　仰, 軽部正人:『ステガノグラフィ技術による衛星画像へのリモセン情報の埋め込み』, 情報処理学会66th 全国大会講演論文集, 1R-6, pp. 3-369-370, 2004. 3
7-15) 櫻井省吾:『2次元Delaunay法によるトポロジ決定手法を用いた3次元点群データへの電子透かし法の研究』, 茨城大学理工学部研究科修士論文, pp. 21-40, 2003. 3
7-16) Provos,Niels and Honeyman,Peter, *Hide and Seek*: *An Introduction to Steganography*, IEEE Security & Privacy, (3), pp. 32-44, 2012. 11

第8章
8-1) http://range.informatik.uni-stuttgart.de/
8-2) http://www.cc.gatech.edu/projects/large_models/
8-3) http://www.clemson.edu/
8-4) http://range.informatik.uni-stuttgart.de/htdocs/html/
8-5) http://marathon.csee.usf.edu/range/DataBase.html
8-6) http://www-graphics.stanford.edu/data/
8-7) Minsso Suku, Suchendra M Bhandarkar（Editor: Kunii）: *Three-Dimensional Object Recognition from Range Image*, Springer-Verlag Press, pp. 1-120, 1992
8-8) Yang, Z. S., Wang, W., Dong, S., Zhu, W. Q. & Shen, J. H.: *Information fusion technology of GPS/DR integrated Positioning system*, Joumal of Jilin University, Vol. 38, No. 3, pp. 508-513, 2008
8-9) Ioannis Stamos, Peter K. Allen: *3-D Model Construction Using Range and Image Data*, Department of Computer, Columbia University, New York, 2000
8-10) Patrick J. Flynn, RichardJ. Campbell: *A WWW-Accessible Database for 3D Vision Research*, School of Electrical Engineering and Computer Science Washington State University, 2013
8-11) https://www.cse.ohio-state.edu/cgi-bin/portal/index.cgi
8-12) http://www.cc.gatech.edu/projects/large_models/
8-13) http://www-graphics.stanford.edu/software/scanview/
8-14) 星　仰:『研究会だより—レンジ画像アナリシス研究会—』, 日本リモートセンシング学会誌, Vol. 25, No. 4, pp. 414-417, 2005. 9

参考資料

1) W. Boehler, M. B. Vicent, K. Hanke, A. Marbs: *Documentation of German Emperor MaxOmilian I's Tomb*, Univ. of Inmsbruck, Tech., ISPRS Working Group 6, pp. 1-6, 2003
2) P. P. Sapkota: *Segmentation of Coloured Point Cloud Data*, ITC paper, pp. 1-64, 2008. 2. Ruwen Schnabel and Reinhard Klein[†], *Octree-based Point-Cloud Compression*, Eurographics Symposium on Point-Based Graphics, pp. 1-11, 2006
3) BOTSCH M., WIRATANAYA A., KOBBELT L.: *Efficient high quality rendering of point sampled geometry*, Proceedings of the 13th Eurographicsworkshop on Rendering (Aire-la-Ville, Switzerland), Eurographics Association, pp. 53-64, 2002
4) MERRY B., MARAIS P., GAIN J.: *Compression of dense and regular point clouds*, In Afrigaph '06: Proceedings of the 4th international conference on Computergraphics, virtual reality, visualisation and interactionin Africa (NY, USA), ACM, pp. 15-20, 2006
5) Chen, Y., G. Medioni: *Object modeling by registration of multiple range images*, Image and Vision Computing, 10 (3), pp. 145-155. 1992
6) Curless, B. and M. Levoy: *A volumetric method for building complex models from range images*, SIGGRAPH 96 Conference Proc., pp. 303-312. 1996
7) H. Zhao, R. Shibasaki: *Automated Registration of Ground-Based Laser Range Image for Reconstructing Urban 3D Object*, International Archives of Photogrammetry & Remote Sensing, 32, 3-4w2, pp. 27-34. 1997
8) Yizhou Yu, Andras Ferencz, Jitendra Malik: *Extracting Object from Range and Radiance Images*, IEEE Transaction on Visualization and Computer Graphics, Vol. 7, No. 4, pp. 351-364, 2000
9) Fausto Bernardini, Ioana M. Martin, and Holly Rushmeier: *High-Quality Texture Reconstruction from Muliple Scans*, IEEE Transaction on Visualization and Computer Graphics, Vol. 7, No. 4, pp. 318-332, 2001
10) Ronger Hubbld, Jon Cook, Martin Keates, Simon Gibson, Toby Howard, at all.: *A Microkernel for Large-Scale Virtual Enviroments*, Presence, Vol. 10, Num. 1, pp. 22-34, 2001
11) M. D. Wheeler, Y. Sato, K. Ikeuchi: *Consensus surfaces for modeling 3d objects from multiple range images*, International Conference on Computer Vision, 1998
12) Peter Rander: *A Multiple-Camera Method for 3D Digitization of Dynamic, Real-World Event*, The Robotics Institute Carnegie Mellon University, 1998
14) 横矢直和, D. レビンマーチン：『微分幾何学特徴に基づく距離画像分割のためのハイブリッド手法』, 情報処理学会論文誌, Vol. 30, No. 8, 1990
15) Minsso Suku, Suchendra M Bhandarkar: *Three-Dimensional Object Recognition from Range Images*, Springer-Verlag Press, pp. 1-120, 1992
16) Sloan, S. W.: *A Fast Algorithm for Generating Constrained Delaunay Triangulations*, Computers and Structures, 47, 3, pp. 441-450, 1993
17) Ioannis Stamos, Peter K. Allen: *3-D Model Construction Using Range and Image Data*, Department of Computer Science, Columbia University, New York, 2000. osep Miquel Biosca, José Luis Lerma: *Unsupervised robust planar segmentation of terrestrial laser scanner point clouds based on fuzzy clustering methods*, ISPRS Journal of Photogrammetry and Remote Sensing, Vol. 63, No. 1, pp. 84-98, 2008. 1
18) BALSA-BARREIRO, at all: *Airborne light detection and ranging (LiDAR) point density analysis*, Scientific, Vol. 7, No. 33, pp. 3010-3019, 2012
19) LERMA, J. L. at all.: *Integration of laser scanning and imagery for photorealistic 3D architectural documentation*, Laser Scanning, Theory and Applications., Chau-Chang Wang (Ed.), pp. 414-430, 2011

20) Lerma, J. L., Navarro, S., Cabrelles, M., Seguí, A. E., Hernández, D.: *Automatic orientation and 3D modelling from markerless rock art imagery*, ISPRS Journal of Photogrammetry and Remote Sensing, 2012
21) Marqués-Mateu, A., Lerma, J. L., Riutort-Mayol, G.: *Statistical grey level and noise evaluation of Foveon X3 and CFA image sensors*. Optics & Laser Technology, No. 48, 1-15, 2012
22) RIUTORT-MAYOL, G., MARQUÉS-MATEU, A., SEGUÍ, A., LERMA, J. L.: *GREY LEVEL AND NOISE EVALUATION OF A FOVEON X3 IMAGE SENSOR: A STATISTICAL AND EXPERIMENTAL APPROACH*, Sensors, Vol. 12, No. 8, pp. 10339-10368, 2012
23) Lerma, J. L: *Multiband Versus Multispectral Images Classification of Architectural Images*, The Remote Sensing and photogrammetric society, photogrammetric record, Vol. 17, No. 97, pp. 89-101, 2001
24) 村瀬一朗，金子俊一，五十嵐悟：『増分符号相関によるロバスト画像照合』，信学論，vol. J83-D-II, no. 5, pp. 1323-1331, 2000
25) 大槻正樹，佐藤幸男：『距離画像のジャンプエッジを使ったレンジファインダの視方向決定』，情報処理学会研究報告「グラフィクスとCAD」，No. 83, 1996
26) 渡辺大地，千代倉弘明：『任意三角形メッシュからの特徴稜線抽出』，電子情報通信学会論文誌D-II Vol. J83-D-II No. 5, pp. 1344-1352, 2000
27) 関根詮明，安居院猛：『応用OpenGLグラフィックス〈簡単プログラミングで3Dアニメーションを学ぶ〉基礎編，森北出版，2003
28) 宮内真仁，佐伯俊彰，福岡久雄，下間芳樹：『実写画像テクスチャによる仮想空間表示方式を用いた3次元空間都市の構築』，日本バーチャルリアリティ学会論文集，Vol. 4, No. 2, 1999
29) 安居院猛・長尾智晴，『C言語による画像処理入門』，昭晃堂，pp. 47-74, 2000
30) http://diglib.eg.org/EG/Publications/CGF
31) http://www-graphics.stanford.edu/papers/theses.html
32) http://www.siggraph.org/
33) https://parasol.tamu.edu/geninfo/researchAssociate07-stapl.php
34) https://parasol.tamu.edu/people/jdenny/#MP
35) http://www.shining3dscanner.com/en-us/product_optimscan.html
36) 日本測量調査技術協会第8技術部門：『地上型スキャン式レーザ測距儀による斜面地形計測解析技術の開発に関する研究作業』，pp. 9-125, 2003. 2
37) NURBS (Non-uniform rational B-splinの略)
38) Quick Terrain Reader (http://www.appliedimagery.com/download.php/)
39) ISPRS, informationfrom imagery, 2013 http://www.tlsdatabase.ucalgary.ca/tls
40) MeshLab, 2005 http://meshlab.sourceforge.net/

Web 付録について

　本書で解説をしている開発環境の構築やプログラムの実行マニュアル，各種のデータなどをホームページにて公開している．

東京電機大学出版局（http://www.tdupress.jp/）

　　トップページ
　　　　➡ ダウンロード
　　　　➡ レーザスキャナによるレンジ画像処理
一部の内容は，パスワードにより制限されているので以下を入力する．
パスワード：range62830　　（「range」は英小文字，「62830」は数字）

索　引

あ　行

アーカイブモデル	211
赤青メガネ	27
アクティブステレオ法	26
アスキー	105
暗号技術	199, 205
位置測定の方法	34
一般化ハフ変換	84
イベント処理	168
医用 3D	117
医用画像	6
インターフェロメトリック	49
隠蔽	63
埋め込み処理	201
埋め込みプリミティブ	202
枝張り	184
エッジ・ポリゴン	88
エッジ検出	78
エッジ検出基準	78
エッジ抽出	22, 172
エッジ点抽出アルゴリズム	88
遠隔手術	6
円形度	25
遠赤外線	30
鉛直角	56
オイラー数	24
オーバラップ	87
オーバラップエリア	63
オープンソース	113
オクルージョン	63
折れ線	91

か　行

ガードレール	198
カーナビゲーション	44
外郭線追跡アルゴリズム	176
可視化ツールキット	109
可視光線	11
可視透かし処理	201
可視赤外走査放射計	30
カスタマイゼーション	95
画素	7
画像	6
画像消失点	173
画像処理ソフトウェア	67
画像深度暗号	204
画像の基礎	1
画像文字情報研究会	213
カタログフィッティング	95
加法混合	14
カラー画像	9
カラー画像の形式	17
カラーモデル	11
ガリレオ	46
環境光	135
環境変数の設定	126
干渉法	26
観測点	63
観測点番号	65
幾何学的特徴点	23
疑似カラー距離画像	71
気体レーザ	48
記帳	65
逆離散コサイン変換	201
キャノッピ	182
キャノッピ画像	44
キャプチャ画像	193
球と平面の衝突	95
キュービック	157
キュービック分割	203
キュービックモデル	15
夾角	80
胸高直径	184
橋梁工学	180
曲線あてはめ	91
距離	6
距離画像	10
銀河宇宙	32
近赤外光線	29
空中写真	87
グラード	96
グローバル・ポジショニング・システム	43
形状ハンドリング	92
検出	23
減色混合	14
現地調査	63

航空カメラ	87
航空機用プロファイラ	41
航空写真	87
航空写真測量	34
交差条件	94
合成開口レーダ	49
高速道路モデリング	197
後方散乱係数	40
固体レーザ	48
孤立木イチョウ	185
ゴン	96

さ 行

最確値	75
最近隣点探索処理	88
最小二乗法	80
最接近点	95
細線化	22
材料表	86
座標変換推定処理	88
三角パッチ	78
三角メッシュ	77
三角メッシュ法	77
三角網	38
三脚	65
三脚台	65
残差	75
シーングラフ	130
シーン融合	158
シーンレイアウト	40
閾値	79, 81, 172
閾値処理	21
シグネチャ図	50
視差	27
視点	130
射影幾何	2
ジャギー	7
斜距離	56
写真測量	87
写真測量学	2
収集データの保存	59
シューティングアルゴリズム	93
周辺分布法	24
樹冠長	184, 185
樹冠直径	185
受光強度ゲート	59
シュツットガルト大学	51, 207
シュリンクラップ	76
準天頂衛星システム	47
照合・認識	23
消失係数	40

消失点	82
照度差ステレオ法	26
情報通信研究機構	49
情報ハイディング技術	199
ジョージア工科大学アーカイブ	210
水平角	56
数値標高モデル	42
数値表層モデル	42
スキャン密度	64
スタンフォード大学	51, 212
ステガノ画像	205
ステガノグラフィ	199, 204
ステゴ画像	200
ステラジアン	96
ステレオ法	26
ステレオマッチング	35
スペクトル拡散法	205
スポットライト	135
スライス画像	184
スライスレンジ画像	184
スリット画像	195
スリット合成画像	193
寸法線	86
静止気象衛星	30
整準台	65
精密図化機	87
セオドライト	34
世界遺産	188
セグメンテイション	85
接触条件	94
接続標定	87
選択窓フィルタ	59
全地球衛星測位システム	47
線分長の抽出法	153
前方交会型レーザ計測	36
前方交会法	34
走査ラインノイズ	72
側壁	198
測量学	37
ソリッドモデル	5
素粒子の解析	32

た 行

ダークエネルギー	30
ダークマター	30
ターゲット	56
タイムオブフライト	55
多角形	77
多次元画像	25

多値画像	7		ノイズの性状	194
タッチパネル	64		濃淡画像	7
縦横断図	91		濃淡レベル	7
多波長帯画像	29			
ダミーデータ	205		**は 行**	
単眼視法	26		バイナリーデータ	70
単樹木の計測	181		バウンディングモデル	94
断面形状	183		ハッブル望遠鏡	30
			パノラマティックカメラ	54
チェーン符号化	23		ハフ変換	82
地球測位システム	43		パラビュー	111
地球大気観測計画	30		パララックスバリア	28
地上写真測量	34		反射法	24
中央分離帯	198		半導体レーザ	48
鳥瞰図	72			
長距離用測距儀	37		光三角測量の原理	37
			光の波長強度分布	11
低域通過フィルタ	73		光レーダ・レーダ法	26
データ圧縮法	200		飛行の時間	52
データ収集	64		被写体	2
データ収集スキャニングモード	58		秘密情報	205
データハイディング技術	200		ヒューマノイド・アニメーション	103
適正データ用フィルタリング	59		表示の対象	130
デジタル・コンテンツ	200		標準比視感度曲線	11
デジタル画像	124		標定点	89
点群	69		標定点の配置番号	65
点光源	135		標定点利用アルゴリズム	89
電子あぶり出し	204		標定方法	87
電子透かし	199		標的	56
点集合の変換処理	88		ビルのモデル	171
テンプレートマッチング	23			
			フィットエッジ処理	88
投影ヒストグラム法	24		フィルタリング	73
動画像利用法	26		フェンスフィルタ	59
統合開発環境	134		複雑度	25
等高線	70		副そう角	27
等高線の抽出	91		複比	2, 3
等高点	91		物理的なスクリーン	130
動的レンジ画像	191		部分メッシュ	86
投票	84		部分メッシュの融合	86
トータルステーション	34		フラクタル画像変換法	205
トライアングルモデル	16		フレーム	88
トランシット	34		プロファイラ	41, 51
土量計算	70		分離条件	94
ドロネー図	77			
ドロネーの三角メッシュ	77		平均値フィルタ	73
トンネル	186		平行光源	135
			平面の抽出	81, 154
な 行			平面方程式	81, 82
認証IDコード	146		平面を抽出	174
			ベジェ曲線	91
ノイズ除去	21		変形馬蹄形	12

偏光解消度	40	レイ	93
偏光メガネ	27	レーザ機器のアイクラス	60
		レーザ光	6
方向差分符号化	23	レーザ光線強度のアイクラス	60
法線ベクトル	78	レーザ光パルス	52
法線ベクトルの内積	157	レーザスキャナ	48
ホール	24	レーザスキャナ装置	55
ホール数	24	レーザスキャナの計測移動	191
ボクセル	5	レーザスキャナの計測機構	52
北斗	47	レーザスキャナの性能	58
細長比	24	レーザの概要	48
ポラリメトリック	49	レーザレーダ	48
ポリゴンメッシュ	178	レーザレンジ計測法	40
ボロノイ図	77	レタッチ	40
ボン大学計算科学系	207	連結数	23
		連結方向画素の存在	23
ま 行		レンジ画像データアナリシス研究会	213
		レンジ画像データベース協力会	213
マザー	48	レンジ画像表示プログラム	142, 145
		レンジゲート	59
右手系直交系	98	レンジマッピング	183
明度	13	レンズ焦点法	26
		レンダリング	40, 70
メッシュ	56	レンダリング処理	161
メッシュ生成	153		
メッシュ融合	70	ローパスフィルタ	73
メディア解像度	124		
メディアンフィルタ	73, 74	**わ 行**	
面フィルタ	59		
		ワイヤーフレーム	153
モアレ光	26	**英数字**	
目視標定点選定	89		
モデリング	92	AmbientLight	135
モデリング技術	37	API	129
モデルの作成	70	Appearance	136
		Appearance オブジェクト	163
や 行		Application programming interface	129
ユークリッド幾何学	2	ASCII	105
融合処理	160	ASCII_RGB_Export File	107
融合処理順序	90	ASTR/VRML	201
ら 行		B スプライン曲線	91
		backscatter coefficient	40
ライダ	40, 41	Ballard	84
ラベリング	22	Besl	87
		binary image	21
離散ウェーブレット変換	202	binerization	21
離散コサイン変換	201	blaxxun Contactblaxxun コンタクト	209
立体角	96	bounding model	94
立体視	26	Bounds オブジェクト	162
立体フィルタ	59	Bounds region	162
リモートセンシング	29	B-spline curve	91
領域分割	69, 85		

索引

C 言語	140	gon	96
C ++言語	140	Google Earth	44
Chen,Y.	51	GPS	43
CIELAB	13	GPS 基準点利用アルゴリズム	89
CIELUV	13	grade	96
CMY カラーモデル	14	Grams	41, 48
color model	7	gray level	7
connecting number	23		
contour line	70	H-Anim	103
CT 装置	5	Hart	83
Cube Filter	59	HLS カラーモデル	16
curve fitting	91	HLS カラーモデル	16
Customization	95	Hough	83
		Hough trabsformation	82
dark energy	30	HSV モデル	15
dark matter	30	Hubble Space Telescope	30
DCT	18		
Delaunay	77	ICI	213
Delaunay 三角分割法	78	ICP アルゴリズム	87
DEM	42	ICP アルゴリズムの改良	88
depolarization	40	IDCT	201
digital Watermarking	200	IFD	19
DirectionalLight	135	IFH	19
discrete cosine transform	18	image	6
Drawing Exchange Format	108	Image Character Information Laboratory	213
DSM	42	Image Date	19
Duda	83	Image File Directory	19
DWT	202	Image File Header	19
DXF	108	IMAGER 社	62
		Intensity Gate	59
Eclipse	134	IPVR 画像理解研究グループ	207
extended range	18	IPVR-Depaetment Image Understanding	209
extinction coefficient	40	Iterative Closest Point algorithm	87
F 関数	205	jaggy	7
Faro 社	62	Java	126
Fence Filter	59	Java バイトコード	126
Fiocco	41, 48	Java SE Development Kit	126
Flight Simulator	140	Java Virtual Machine	126
		Java VM	126
GARP	30	Java3D	129
GeoEye-2	31	Java3D テスト用アプレット	132
Geographic Information Systems	19	JDK	126
GeomertryArray	136	Joint Photographic Experts Group	17
Geostationary Meteorological Satellite	30	JPEG	17
GeoTIFF ファイル	19	JPEG ファイル	17
GeoTIFF Metadata Format	19	JPEG XR	18
Global Navigation Positioning System	47	JPEG2000	17
Global Positioning System	43		
GLONASS	45	Kitware	111
GMS	30		
GNSS	47	labeling	22

LANDSAT-7 衛星	31	Quasi-Zenith Satellite System	47
Laser	48	QZSS	47
Laser Imaging Detection and Ranging	40		
Laser rader	48	R-表	84
Leica 社	61	range	6
LIDAR	40	Range Gate	59
Lidar	41	range image	10
Light クラス	135, 162	Range Image Database Association	213
Light Detection and Ranging	41	range02	151
		region of interest	18
Maptek 社	61	regular	205
Maser Microwave	48	remote sensing	29
matching	23	rendering	70
Material	136	RGB カラーモデル	11
Material オブジェクト	163	RIDA	213
MedX3D	100	Riegl 社	62
Mensi 社	62	Riegl ファイル	121
Mensi データ	122	rif ファイルフォーマット	134
Merlin-Farber	84	rif フォーマット	119
mesh fusion	70	ROI	18
MTSAT	30	Rousenfeld	83
Multi-functional Transport Satellite	30		
multi-resolution	18	SAR	49
		Scan View	212
National Television System Committee	15	Scene Graph	130
NAVSTAR-1	43	Schawlow	48
NICT	49	Selection Filter	59
normal vector	79	SetCoordinates	136
NTSC	13, 15	SetNOMALS	136
NURBS	91	Shape3D	135
		shooting algorithm	93
object detection	23	shrink-wrap	76
Optech 社	61	singular	205
Optech データ	123	SpotLight	135
orientation method	87	sr	96
osu ファイル	121	SROI	18
OSU レンジ画像データベース	210	static ROI	18
		steganalysis	205
parallax barrier	28	steganography	200, 204
ParaView	111, 115, 116	stego image	200
photogrammetry	87	stereopsis	26
Pi-SAR	49	Study Group for the Range Image Analysis	213
pixel	7		
Plane Filter	59	support point	95
ply ファイル	119	survey	37
ply ファイルフォーマット	134	Synthetic Aperture Rader	49
point cloud	69		
Point3D	135	Tare Image File Format	18
PointLight	135	thinning	22
polygon	77	thresholding	21
profiler	41, 51	TIFF ファイル	18
Pulstec 社	62	time-of-flight	52

Topcon 社	62
Townes	48
triangle model	16
Trimble 社	62
UCS カラーモデル	13
unstable	205
USF レンジ画像データベース	208
USGS	19
vanishing point	82
vecmath	129
vessel	205
Viewer	69
Vision	1
VISSR	30
Visual C# 言語	140
Visual C++	141
Visual C++ 起動	141
Visual C++ 2012 Express	151
vote	84
VRML	97
VTK	109
VTK ファイル	117
WILD	37
WorldView-3	31
write once	129
x 視差差	35
X Band	50
X3D	98
X3D Earth	101
XMSF	104
xyz 座標系	67
XYZ の世界座標系	67
YIQ カラーモデル	15
YIQ 変数	201
ZAISS	37
2 次元 Delaunay 法	203
2 次元 Voronoi 法	203
2 次元画像	7
2 値化	21
2 値化処理	21
2 値画像	20, 21
3 刺激値分布	11
3 次元可視画像化	72
3 次元画像	25
3 次元画像表示	26
3 面図	86
3D ビュア	69
3D プリンタ	70
3D モデラー	92
3D モデル	39
3DD	121

執筆者の紹介

星　　仰（ほし　たかし）

1964 年	徳島大学工学部土木工学科卒業
1965 年	京都大学助手
1971 年	和歌山工業高等専門学校助教授
1978 年	京都大学　工学博士
1979 年	和歌山工業高等専門学校教授
1980 年	筑波大学助教授
1992 年	茨城大学教授
2005 年	茨城大学名誉教授
2007 年	レンジ画像データベース協力会理事長

主な著書　『リモートセンシング工学の基礎』森北出版社, 1964.10
　　　　　『地形情報処理学』森北出版社, 1991.2
　　　　　『情報システム概論』共著　楽遊書房, 1994.5
　　　　　『地理情報システム用語辞典』共著　朝日出版社, 1998.7
　　　　　『C 言語』共著　森北出版社, 2000.3
　　　　　『リモートセンシングの画像処理』森北出版社, 2003.10
　　　　　『測量学』共著　東京電機大学出版部, 2008.4

山田貴浩（やまだ　たかひろ）

1998 年	茨城大学大学院理工学研究科博士前期課程情報工学専攻修了　修士(工学)
1998 年	福島工業高等専門学校助手
2003 年	茨城大学大学院理工学研究科博士後期課程情報システム科学専攻修了　博士(工学)
2006 年	福島工業高等専門学校助教授
2007 年	福島工業高等専門学校准教授

主な著書　『測量学Ⅱ』共著　コロナ社, 2006.11
　　　　　『エンジニアのためのプログラミング入門』共著　電気書院, 2007.4

レーザスキャナによるレンジ画像処理

2013年10月20日　第1版1刷発行　　　　ISBN 978-4-501-62830-7 C3051

著　者　星　仰，山田貴浩
　　　　Ⓒ Hoshi Takashi, Yamada Takahiro 2013

発行所　学校法人　東京電機大学　〒120-8551　東京都足立区千住旭町5番
　　　　東京電機大学出版局　〒101-0047　東京都千代田区内神田1-14-8
　　　　　　　　　　　　　　Tel. 03-5280-3433(営業)　03-5280-3422(編集)
　　　　　　　　　　　　　　Fax. 03-5280-3563　振替口座 00160-5-71715
　　　　　　　　　　　　　　http://www.tdupress.jp/

[JCOPY] <(社)出版者著作権管理機構　委託出版物>
本書の全部または一部を無断で複写複製（コピーおよび電子化を含む）することは，著作権法上での例外を除いて禁じられています。本書からの複写を希望される場合は，そのつど事前に，(社)出版者著作権管理機構の許諾を得てください。また，本書を代行業者等の第三者に依頼してスキャンやデジタル化をすることはたとえ個人や家庭内での利用であっても，いっさい認められておりません。
[連絡先] Tel. 03-3513-6969, Fax. 03-3513-6979, E-mail: info@jcopy.or.jp

印刷：(株)精興社　　製本：渡辺製本(株)　　装丁：鎌田正志
落丁・乱丁本はお取り替えいたします。　　　　　　　　Printed in Japan

理工学講座

基礎 電気・電子工学 第2版
宮入・磯部・前田 監修　A5判　306頁

改訂 交流回路
宇野辛一・磯部直吉 共著　A5判　318頁

電磁気学
東京電機大学 編　A5判　266頁

高周波電磁気学
三輪進 著　A5判　228頁

電気電子材料
松葉博則 著　A5判　218頁

パワーエレクトロニクスの基礎
岸敬二 著　A5判　290頁

照明工学講義
関重広 著　A5判　210頁

電子計測
小滝國雄・島田和信 共著　A5判　160頁

改訂 制御工学 上
深海登世司・藤巻忠雄 監修　A5判　246頁

制御工学 下
深海登世司・藤巻忠雄 監修　A5判　156頁

気体放電の基礎
武田進 著　A5判　202頁

電子物性工学
今村舜仁 著　A5判　286頁

半導体工学
深海登世司 監修　A5判　354頁

電子回路通論 上／下
中村欽雄 著　A5判　226／272頁

画像通信工学
村上伸一 著　A5判　210頁

画像処理工学
村上伸一 著　A5判　178頁

電気通信概論 第3版
荒谷孝夫 著　A5判　226頁

通信ネットワーク
荒谷孝夫 著　A5判　234頁

アンテナおよび電波伝搬
三輪進・加来信之 共著　A5判　176頁

伝送回路
菊池憲太郎 著　A5判　234頁

光ファイバ通信概論
榛葉實 著　A5判　130頁

無線機器システム
小滝國雄・萩野芳造 共著　A5判　362頁

電波の基礎と応用
三輪進 著　A5判　178頁

生体システム工学入門
橋本成広 著　A5判　140頁

機械製作法要論
臼井英治・松村隆 共著　A5判　274頁

加工の力学入門
臼井英治・白樫高洋 共著　A5判　266頁

材料力学
山本善之 編著　A5判　200頁

改訂 物理学
青野朋義 監修　A5判　348頁

改訂 量子物理学入門
青野・尾林・木下 共著　A5判　318頁

量子力学概論
篠原正三 著　A5判　144頁

量子力学演習
桂重俊・井上真 共著　A5判　278頁

統計力学演習
桂重俊・井上真 共著　A5判　302頁

＊定価，図書目録のお問い合わせ・ご要望は出版局までお願いいたします。
URL　http://www.tdupress.jp/

SR-100